普 通 高 等 学 校 教 材

无机及分析化学实验

Experiment of
Inorganic and Analytical
Chemistry

冯雪风 编

U0367108

化学工业出版社

·北京·

内 容 简 介

本书将大学无机及分析化学实验分层次整理为基础实验、综合实验、创新设计实验等三个层级，包括无机化学和分析化学实验基本知识、基本操作、无机制备、化学反应原理应用、化学性质鉴定、化学分析、仪器分析等内容。在对实验数量进行精简的基础上，使实验与科技发展息息相关，包括前沿材料合成并有经典及先进案例分析。

本书可作为高等院校应用化学、化工、材料、生物、环境、医药、食品、核化工与核燃料工程、给排水工程等专业大学本科生实验教材，也可作为相关专业的科技工作者、教师和学生的参考用书。

图书在版编目（CIP）数据

无机及分析化学实验／冯雪风编．--北京：化学工业出版社，2022.5

ISBN 978-7-122-40990-4

Ⅰ.①无… Ⅱ.①冯… Ⅲ.①无机化学－化学实验②分析化学－化学实验 Ⅳ.①O61-33②O652.1

中国版本图书馆 CIP 数据核字（2022）第 046116 号

责任编辑：高璟卉　傅聪智　　装帧设计：韩　飞
责任校对：田睿涵

出版发行：化学工业出版社（北京市东城区青年湖南街13号　邮政编码100011）
印　　装：涿州市般润文化传播有限公司
710mm×1000mm　1/16　印张 13¾　彩插 1　字数 249 千字
2022 年 9 月北京第 1 版第 1 次印刷

购书咨询：010-64518888　　　　　　　售后服务：010-64518899
网　　址：http://www.cip.com.cn

凡购买本书，如有缺损质量问题，本社销售中心负责调换。

定　　价：39.80 元

前　言

　　《无机及分析化学实验》是基础实验教材。根据材料、核化工与核燃料工程、生物技术、环境工程、给排水工程、地球化学等专业对知识面广度和学时的要求，以及普通院校大一学生实践少的特点，萌生了编写更详尽、更系统的教材的想法，以期做到因材施教。

　　本书包括化学实验基本知识和基本操作、基础实验、综合实验、创新设计实验四大部分。其中基础实验系统地安排无机及分析实验基本操作训练、无机化合物制备、化学反应原理验证、元素及化合物性质与鉴定、化学分析、仪器分析等6部分内容21个经典实验；综合实验共7个，遵循循序渐进的原则把无机、分析化学需要掌握的基本操作、理论知识有机地穿插在综合实验中；创新设计实验则安排了5个实验，要求采用共沉淀法、溶胶-凝胶法、溶剂热法制备无机介孔材料、纳米材料、金属-有机骨架材料，并与分析表征结合，测试它们在医药、能源、环保方面的应用性能，同时也巩固了现代分析方法的应用。

　　本书将实验内容分层次地编排，压缩了实验数目，有三大特色。

　　① 基础知识更系统，实验内容更丰富、更有可操作性。本书尽可能将基本操作融入在具体实验中，并注意在后续实验内容中进行周期性巩固。

　　② 综合实验、创新设计实验将无机及分析化学实验与仪器分析有机结合［制备-分析（或表征）］，培养学生的逻辑思维，提高综合分析能力。

　　③ 实验项目精简，使实验与科技发展息息相关，既有关于生活、环境、材料、医药等方面的应用，也有前沿材料的合成，还有经典及先进案例分析，更能激发学生的兴趣和探求欲望。

　　本书由东华理工大学冯雪风编，东华理工大学应用化学系马建国、罗峰、李发亮、武国蓉、彭道锋、郭伟华、高志、王丽、李芳清等参与了部分实验的编写。本书出版得到东华理工大学教材建设基金资助、应用化学国家一流专业和化学江西省一流学科的经费资助。在此一并表示感谢！

　　由于编者知识水平有限，书中疏漏或不妥之处在所难免，敬请批评指正！

编者
2022 年 2 月

目　录

绪　论

1　化学实验的意义

化学是多学科交叉的学科，它与医药、电子、材料、能源、生物和环境等领域密切相关。比如配位化学在医药、生命科学中普遍存在，氧化物、硒等材料在电子、能源方面也应用广泛，物质的变化和规律在自然界、生命体中演绎着。可以说，化学与我们息息相关。

化学又是一门以实验为基础的学科，化学的理论是从实验、实践中总结出来的。化学理论都要经过实验的检验。对于从事化学、化工专业的工作人员来说，应具有独立进行化学实验的能力，否则，就无从谈起工业生产、科学研究和发明创造。

2　化学实验教学的目的

无机及分析化学实验是高等学校化学实验课的基础课程之一，是一门专业基础课。实验教学的目的和要求应是：①培养学生观察、认识和理解化学反应事实的能力；②掌握化学实验的基本技能，为后续专业课打下坚实基础；③进行科学实验工作方法的初步训练，培养学生独立思考和独立工作的能力；④培养学生科学的态度和严谨学风及良好的实验室工作习惯。著名化学家卢嘉锡提出，化学家的"元素组成"应当是"C_3H_3"，即 clear head（清楚的头脑）、clever hands（灵巧的双手）、clean habit（洁净的习惯）。由此可见实验动手能力的重要性。

3　化学实验的学习方法

（1）实验前预习

通过现有教材、网上资源、国家精品课程网、个人在线资源查找资料，了解实验内容、步骤、操作过程、实验应注意的安全知识、操作技能和实验现象，知道做什么、如何做、为何这样做。写出实验预习报告，并尝试改进这种方法。这样，预习才能达到效果，也便有了一个"clear head"。

（2）实验

实验过程中要认真规范操作、仔细观察、详细记录，要有不怕麻烦、敢于探索的能力。对在实验过程中要求达到的实验技能要自主练习。一般对实验技能的要求分六级：

① 熟练掌握：能正确而较熟练地进行操作，并初步形成习惯；

② 掌握：能正确、独立地操作，但不熟练；

③ 初步掌握：能独立操作，但不够正确；

④ 理解：对操作规范和仪器结构的原理了解得很清楚；

⑤ 了解：知道操作方法和仪器构造的一般道理；

⑥ 初步了解：只是见习过，有些印象。

（3）实验后分析总结

交实验报告，写出实验目的、实验原理、实验仪器、实验试剂、实验内容（实验步骤）、实验结果，对实验现象、结果进行解释并做出结论，对实验数据进行处理、计算、误差分析、误差原因分析，完成实验思考题。

4　实验室基本要求

化学实验室是实验教学的主要场所。化学实验涉及许多仪器、仪表、化学试剂甚至有毒药品，实验室的安全防护、环境保护就显得十分重要。

（1）遵守实验室规则

为了做好实验、防止意外事故，必须人人做到遵守实验室规则。

① 实验前，检查实验所需要的药品、仪器是否齐全。做规定以外的实验，须经教师允许。

② 实验过程中要保持肃静，认真操作，仔细观察，详实地做好实验记录，不到处乱走。

③ 实验过程中要爱护国家财物，爱护仪器和实验室设备，节约水电。

④ 实验室保持一人一组，每人一套仪器，专人专用；公用仪器和临时公用仪器用毕应洗净放回原处，填写好使用记录。使用仪器要轻拿轻放，贵重仪器未经教师允许不得擅自动用。仪器故障及时报告教师，做好登记、补领。

⑤ 试剂、药品用量按规定取，不要洒落，注意节约使用。注意试剂瓶中的胶头滴管要专管专用，不能混用而污染试剂。

⑥ 实验后，整理好桌面及实验仪器。废纸、火柴梗和碎玻璃等应倒入垃圾箱内，不能扔入水池中。废液应根据性质分类倒入废液桶。值日生打扫卫生，关好水电、门窗。

⑦ 发生意外事故时应保持镇静，不要惊慌失措；通常烧伤、烫伤、割伤时应立即报告教师，及时急救和治疗。

（2）注意实验安全

很多化学药品易燃、易爆、有腐蚀性和有毒，必须注意操作安全。

① 熟悉实验室水、电闸的位置。用完酒精灯、电炉等加热设备，应立即盖好灯帽，拔掉电源插头。

② 严禁在实验室内饮食。

③ 易燃、易爆、易腐蚀和有毒药品使用时，要先了解化学药品性质，安全使用，不要洒在皮肤或衣物上，更不能任意将其混合，以免发生意外事故。有机溶剂易燃，要注意远离火源。接触有刺激性的、恶臭的、有毒的气体以及加热或蒸发盐酸、硝酸、硫酸时，应该在通风橱中进行。氰化物、砷盐、锑盐、可溶性汞盐、铬的化合物、镉的化合物等都有毒，不得进口或接触伤口。

④ 着火要切断电源，把易燃易爆物移开。酒精着火用湿布、石棉布灭火；Na、K 着火用沙土灭火；电着火用沙土和 CCl_4 或 CO_2 灭火器灭火，不能用干粉灭火器；衣服着火时，应立即用湿布或石棉布压灭火焰，若燃烧面积较大，可躺在地上打几个滚，切不可慌张乱跑。表 0-1 是常用的灭火器及其使用范围。

表 0-1　常用的灭火器及其使用范围

灭火器类型	药液成分	适用范围
干粉灭火器	$NaHCO_3$ 等盐类，润滑剂，防潮剂	油类，可燃性气体，电器设备，精密仪器，图书文件和遇水易燃烧药品的初期火灾
泡沫灭火器	$Al_2(SO_4)_3$，$NaHCO_3$	油类起火
二氧化碳灭火器	液态 CO_2	电器、小范围油类和忌水的化学品起火
酸碱灭火器	H_2SO_4，$NaHCO_3$	非油类、非电器的一般火灾
四氯化碳灭火器	液态 CCl_4	电器设备、小范围的汽油、丙酮等失火。不能用于扑灭钠、钾着火，因 CCl_4 会强烈分解，甚至爆炸。也不能用于扑灭电石、CS_2 着火，因会产生光气一类的毒气。

⑤ 触电要切断电源，然后在必要时进行人工呼吸。

（3）熟悉实验室中一般伤害的救护

① 创伤。伤口不能用手摸，也不能冲水。小伤口可以涂紫药水或红药水

（主要成分是红汞），深伤口可以涂碘酒（3%）、过氧化氢（3%），但注意不要将红汞与碘酒同时使用。然后使用消炎粉或云南白药，轻伤也可直接用创可贴。

② 烫伤。伤处皮肤没破时，可涂抹饱和碳酸氢钠溶液或用碳酸氢钠粉调成糊状敷于伤处，也可抹獾油或烫伤膏；已破皮肤可涂紫药水或1%的高锰酸钾溶液。较严重的烫伤不能弄破水泡，应立即用大量的流水冲洗，并立即送医院医治。

③ 受酸、碱腐蚀。酸腐蚀，可先用大量水冲洗，再用饱和碳酸氢钠溶液、稀氨水（5%）、肥皂水洗，最后用大量水冲洗即可；若溅入眼睛，则用大量水冲洗后，送入医院。碱腐蚀，也用大量水冲洗，再用2%醋酸溶液或饱和硼酸溶液洗，最后用水冲洗；如果溅入眼睛，用饱和硼酸溶液洗。

④ 吸入刺激性或有毒气体。吸入氯气、氯化氢等气体时，可吸入少量酒精和乙醚混合蒸气。吸入 CO、H_2S 感觉不舒服时，应到通风处呼吸新鲜空气。应注意氯气、溴气中毒时不可进行人工呼吸；CO 中毒不可施用兴奋剂。

⑤ 毒物进口内。将 5～10mL 稀硫酸铜溶液（5%）加入到一杯温水中，内服后，用手指伸入咽喉部，促使呕吐。吐出毒物后立即送医院。

⑥ 伤势较重者，应立即送医院。

实验室急救药箱中常备药品可见表 0-2 所示。

表 0-2　实验急救药箱常备药品

药品	备注	药品	备注
红药水		碘酒	3%
獾油或烫伤膏		碳酸氢钠溶液	饱和溶液
硼酸溶液	饱和溶液	醋酸溶液	2%
氨水	5%	硫酸铜溶液	5%
高锰酸钾晶体		氯化铁溶液	作止血剂
甘油		消炎粉或云南白药	
紫药水		创可贴	

（4）熟悉实验室废液处理

实验室产生的废液、废气、废渣等有毒物质，特别是有剧毒物质需要经过处理才能排弃。经过处理、浓缩的排弃物要分类存放在贴有标签的固定容器中，定期交给专门处理废弃化学药品的公司按照国家规定处理。

① 少量固体废物处理：在不具备专业公司处理情况下，少量废弃物也必

须在远离水源和人口聚集区域的固定地填埋深埋，不允许随意丢弃或掩埋。

② 有毒气体处理：产生少量毒气的实验应在通风橱内进行。气体产物经收集后，多余的有毒气体必须有吸收和处理装置。大部分酸性气体可用碱液吸收，CO 气体可以点燃处理。

③ 常见废液处理方法：

Cr(Ⅳ)废液：少量的铬(Ⅵ)废液可以利用＋6 价铬的氧化性采用铁氧吸附法。在废液中加入硫酸亚铁将＋6 价铬还原为＋3 价铬，再向此溶液中加入氢氧化钙，调节 pH 为 8～9，放置 12h，溶液由黄色变为无色。大量的废铬酸洗液可采用高锰酸钾氧化法使其再生，重复使用。先在 110～130℃下将废液不断搅拌、加热、浓缩以除去水分，冷却至室温，再缓慢加入高锰酸钾粉末。每1000mL 洗液加入 10g 左右高锰酸钾粉末，边加边搅拌，直至溶液呈深褐色或微紫色（不要过量）。然后直接加热至有三氧化铬沉淀出现，停止加热。稍冷，通过玻璃砂芯湿漏斗过滤，除去沉淀；滤液冷却后析出红色三氧化铬沉淀，再加适量硫酸使其溶解即可。

含砷的废液：利用氢氧化物的沉淀吸附作用，采用镁盐脱砷法。在含砷废液中加入镁盐，调节 pH 为 9.5～10.5，生成氢氧化镁沉淀，利用新生成的氢氧化镁吸附砷的化合物，搅拌，放置 12h，分离沉淀。

含铅的废液：用氢氧化钙把＋2 价铅转化为难溶的氢氧化铅，然后采用铝盐脱铅法处理。在废液中加入氢氧化钙，调节 pH 至 11，使废液中的铅生成氢氧化铅沉淀；然后加入硫酸铝，调节 pH 为 7～8；生成氢氧化铝和氢氧化铅共沉淀，放置，待其充分澄清后，检测滤液铅含量，分离沉淀。

含汞的废液：用硫化钠将汞转变为难溶于水的硫化汞，然后使其与硫化亚铁共沉淀而分离除去。在含汞废液中加入硫化钠，使其充分反应；再加入硫酸亚铁，使其生成硫化亚铁；将硫化亚铁与硫化汞共沉淀，分离沉淀。

含镉的废液：用氢氧化钙将镉离子转化成难溶于水的氢氧化镉沉淀。在含镉废液中加入氢氧化钙，调节 pH 为 10.6～11.2，充分搅拌后放置，分离沉淀。

含氰化物的废液：利用次氯酸钠或漂白粉的氧化性将氰根离子转化为无害的气体。先用碱溶液将溶液 pH 调至大于 11 后，加入次氯酸钠或漂白粉，充分搅拌，氰化物分解为二氧化碳和氮气，放置后检测废液中氰根离子。少量的含氰废液可先加氢氧化钠调 pH 至大于 10，再加入少量高锰酸钾使氰离子氧化分解。

对于难分解、很稳定的氰化物以及有机氰化物的废液，必须另行收集处理；对于含有重金属的废液，在分解氰基之后，也要对相应的重金属进行处理。氰化物及其衍生物处理时应在通风橱内进行。

含氟的废液：在含氟的废液中加入氢氧化钙至废液呈碱性，并充分搅拌后，放置 24h，然后过滤，滤液作为碱性废液进行处理。当此法不能将含氟量降低至 8mg·L^{-1} 以下时，可采用阴离子交换树脂进一步处理，降低含氟量。

含酸、碱、盐类物质的废液：原则上应将酸、碱、盐类废液分别进行收集和预处理。对一般的稀溶液，可用大量水将它们稀释到 1% 以下后排入实验室下水道（非市政排水系统），如果废液相容，可将它们互相中和，或用于处理其它废液（例如将废酸集中回收，或用来处理废碱，或将废酸先用耐酸玻璃纤维过滤，滤液加碱中和，调节 pH 至 7）；对含重金属及氟的废液，应另行收集处理；对黄磷、磷化氢、卤氧化磷、卤化磷、硫化磷等的废液，在碱性条件下，应用双氧水将其氧化为磷酸盐废液，再进行处理；对缩聚磷酸盐的废液，应用硫酸将其酸化，然后将其煮沸进行水解处理。

第一部分

化学实验基本知识和基本操作

1 基本知识

1.1 实验用水

化学实验室用水一般是纯化的水。实验类型不同，对水质的要求不同。国家标准《分析实验室用水规格和试验方法》（GB/T 6682—2008）中，将水质分为三个级别，见表 1-1。

表 1-1 实验室用水的级别及主要技术指标（引自 GB/T 6682—2008）

技术指标	一级	二级	三级
pH 范围（25℃）	—	—	$5.0 \sim 7.5$
电导率（25℃)/(mS·m^{-1})	≤0.01	≤0.10	≤0.50
可氧化物质含量（以氧计)/(mg·L^{-1})	—	≤0.08	≤0.4
蒸发残渣含量 [（105±2)℃] /(mg·L^{-1})	—	≤1.0	≤2.0
吸光度（254nm，1cm 光程）	≤0.001	≤0.01	—
可溶性硅含量（以 SiO$_2$ 计)/(mg·L^{-1})	≤0.01	≤0.02	—

注：1. 在一级水、二级水的纯度下，难于测定其真实的 pH 值，因此，对一级水、二级水的 pH 值范围不做规定。

2. 在一级水的纯度下，难于测定可氧化物质和蒸发残渣，因此，对其限量不做规定，可用其它条件和制备方法来保证一级水的质量。

三级水主要用于一般化学分析实验，二级水主要用于无机痕量分析实验（如原子吸收光谱分析用水等），而一级水则用于对水质有严格要求、对颗粒物有所要求的实验，例如高效液相色谱分析等。

各种规格的实验用水一般可采用蒸馏法、离子交换法或电渗析法制备得到。蒸馏法是通过蒸发得到蒸馏水，其使用的设备成本低、操作简单，但耗能高并且只能去除水中的非挥发性杂质。离子交换法是利用离子交换树脂与水中的离子发生交换反应而去除水中离子的方法，得到的为去离子水。这种方法获得的水去离子效果好，但不能去除水中非离子型杂质，因而去离子水中常含有微量有机物。电渗析法是在直流电场作用下，利用阴、阳离子交换膜对原水中存在的阴、阳离子进行选择性渗透的原理来去除离子型杂质，其也不能去除非离子型杂质。实验时选择水的纯度要具体问题具体分析。三级水可通过蒸馏法、离子交换法制备得到；二级水可通过多次蒸馏法、离子交换法制取；一级水可用二级水经过石英设备蒸馏或离子交换混合床处理后，再经 0.2 μm 微孔滤膜过滤来制取。

制备出来的蒸馏水、去离子水、二次蒸馏水等纯水水质，一般用电导率作为主要质量指标。此外，还有 pH 值，Cl^-、SO_4^{2-} 等离子的检验，以及一些生化、医药化学及特殊项目的检验来衡量水质。

1.2 化学试剂

1.2.1 化学试剂分类

化学试剂是用以研究其它物质的合成、组成、结构、性状及其质量优劣的纯度较高的化学物质。化学试剂的纯度级别及其类别、性质一般在标签的左上方用符号标注，规格则在标签的右端，并用不同颜色的标签加以区别。

化学试剂的种类繁多，其分类、分级标准不同。国际纯粹与应用化学联合会（IUPAC）对化学标准物质的分类也有规定，见表 1-2。我国化学试剂分类标准有国家标准（GB）、化工行业标准（HG）、企业标准（QB）。化学试剂按组成、结构、性质分为无机试剂、有机试剂；化学试剂按用途可分为一般试剂、标准试剂、特殊试剂等多种。我国国家标准根据化学试剂的纯度（杂质含量）分五个等级，并规定了试剂包装的标签颜色及应用范围，见表 1-3。

表 1-2 IUPAC 对化学标准物质分类

级别	规格
A 级	原子量标准
B 级	基准物质
C 级	质量分数为 100%±0.02% 的标准试剂
D 级	质量分数为 100%±0.05% 的标准试剂
E 级	以 C 级或 D 级试剂为标准进行对比测定所得的纯度或相当于这种纯度的试剂，比 D 级的纯度低

注：C 级与 D 级为滴定分析标准试剂，E 级为一般试剂。

表 1-3　化学试剂的级别及包装标签颜色与应用范围

级别	名称	英文符号	标签颜色	应用范围
一级	优级纯	GR	绿色	精密分析研究工作
二级	分析纯	AR	红色	分析实验
三级	化学纯	CP	蓝色	一般化学实验
四级	实验试剂	LR	黄色或棕色	工业或化学制备
五级	生化试剂	BR	咖啡或玫瑰红	生化实验

　　在无机化学、分析化学实验室通常用得较多的是化学纯、分析纯试剂。随着科技的进步，对化学试剂的纯度要求越来越高。在我国还有高纯试剂、色谱纯试剂等。在工业生产中还有大量的化学工业品以及可供食用的食品级试剂。

1.2.2　化学试剂的存放、取用

　　(1) 试剂存放

　　化学试剂在分装时，一般把少量的固体试剂装在玻璃或聚乙烯材质的广口瓶中。液体试剂或配制的溶液盛放在玻璃或聚乙烯材质的细口瓶或带有滴管的滴瓶中。见光易分解的试剂或溶液盛放在棕色瓶中。蒸馏水则通常盛放在聚乙烯材质的洗瓶中。每个试剂瓶上都贴有对应的标签，上面写有试剂的名称、规格（溶液标明浓度）以及日期，并在标签外面涂上一薄层蜡或贴上一层透明胶带来保护字迹。

　　(2) 特殊试剂瓶打开方法

　　① 固体试剂瓶口的软木塞。打开时需手持瓶子，使瓶斜放在实验台上，然后用锥子斜着插入软木塞将塞取出。即使软木塞渣附在瓶口，由于瓶是斜放的，渣也不会落入瓶中，可用纸擦出来，整理干净。

　　② 盐酸、硫酸、硝酸等液体试剂瓶，多用塑料塞（或玻璃磨口塞）。塞子打不开时，可用热水浸过的布裹住塞子的头部，然后用力拧。一旦松动，就能拧开。

　　③ 细口试剂瓶塞子也常有打不开的情况，此时可在水平方向用力转动塞子或左右交替横向用力摇动塞子。若仍打不开，可紧握瓶的上部，用木柄或木槌从侧面轻轻敲打塞子，也可在桌端轻轻叩敲塞子。注意，绝不能手握下部或用铁锤敲打，以防瓶碎！

　　(3) 取用

　　取用试剂前，应看清标签。取用时，打开瓶塞，将瓶塞倒放在实验台上。

如果瓶塞顶上不是扁平的，可用食指和中指将瓶塞夹住或放在清洁表面皿上，绝不可将其横置在实验台上。不能用手接触化学试剂。取用时应按需取用，不要浪费试剂。用完要盖紧瓶塞，绝不允许将瓶塞"张冠李戴"，污染试剂。最后将试剂瓶放回原处。

① 固体试剂的取用

a. 固体通常用干净的药匙取用，块状固体亦可用镊子取用，取完立即盖好瓶盖，多取出的试剂不能放回去，要放指定容器中。

b. 药匙要专用，用过的药匙要洗净、晾干存放。

c. 定量取用时根据试剂性质及实验要求，可用药匙取到称量纸、表面皿、烧杯或称量瓶中称量。

d. 称量纸可折成火柴盒的形状，若称少量的试剂则称量纸可沿对角线对折或沿对角线折十字。

e. 粉末试剂取或称量后，若要放入试管中，可用装有试剂的药匙或将装有试剂的称量纸对折后伸入平放的试管约 2/3 处，然后直立试管，将试剂放下去。

f. 块状试剂放入试管需将试管倾斜，让试剂沿着管壁慢慢滑下去。不可将试剂垂直悬空投入试管，以免击破试管底。

g. 太大的块状固体要研碎后取用。

h. 有毒药品要在教师指导下取用。

② 液体试剂的取用

a. 取用滴瓶中的试液时，应提起滴瓶中的滴管，使管口离开液面，用手指捏紧滴管上的橡胶头，以赶出滴管中的空气，然后把滴管伸入试剂瓶中，放松手指，吸入试剂。再提起滴管，垂直地放在待接收容器的上方将试剂逐滴滴入。滴管不要伸入待接收的容器里，也不要碰到待接收容器，以免沾污滴管，污染试剂。胶头滴管中有试液时不要横置或管口向上，以免试液腐蚀胶头、污染试剂。滴加完毕后，应将滴管中剩下试剂挤入滴瓶后再放回滴瓶。注意也不能捏着胶头将滴管放回滴瓶，以免滴管中充有试剂，腐蚀橡胶头。

b. 取用细口瓶中的液体试剂时，用倾注法。将瓶塞取下，反放在桌上，手握住试剂瓶上有标签的一面，慢慢倾斜瓶子，让试液沿着管壁流入量筒（试管）或沿着玻璃棒（简称玻棒）注入烧杯中。取出所需量后，应将试剂瓶口在容器上靠一下，再逐渐竖起瓶子，以免残留在瓶口的液滴流到试剂瓶的外壁。

c. 在试管中进行某些不需要准确体积的实验时，可以估算取用量。比如用滴管滴时，可以通过滴 1mL 水入干燥的量筒需多少滴，算出对应滴管一滴试剂大约多少体积，从而来估计取量；也可用试管估量，一支 10mL 的试管倒入 1/5，大约为 2mL；注意倒入试管的溶液的量一般不超过其容积的 1/3。

d. 定量取用则用量筒、移液管或移液枪。

③ 特殊试剂的取用

a. 汞：汞易挥发，在人体内会积累起来，引起慢性中毒。因此，汞不可直接暴露在空气中，而要存放在厚壁器皿中，并且加水覆盖，使其不能挥发。玻璃瓶装汞只能至半满。使用时，用胶头滴管吸取。

b. 金属钠、钾：通常应保存在煤油中，存放在阴凉处。使用时，先在煤油中用镊子夹住，用小刀切成小块或绿豆大小，再用镊子夹出来，用滤纸吸干煤油，用于反应。切忌接触皮肤，以免烧伤。最后未用完的碎屑不能乱丢，可以加少量酒精让其慢慢反应掉。

c. 白磷：保存在水中，且必须浸没在水下以隔绝空气，储存于阴凉处。取用时，用镊子取用。大块的白磷要放在水槽的水下面用小刀切割，或用热水熔化后用玻璃棒不断搅拌制得小块白磷，再用镊子取用。

1.3　溶液

根据溶液浓度的准确程度，可以把溶液分为标准溶液和非标准溶液两类。准确知道浓度的溶液为标准溶液，一般用四位有效数字表示浓度。非标准溶液则浓度较粗略，也称一般溶液。

1.3.1　一般溶液

一般溶液的配制根据溶质的性质可以分为以下三种。

（1）直接水溶法

对一些易溶于水而不易水解的固体试剂，先计算出所需固体试剂的量，用台秤或分析天平称出所需量，放入烧杯中，以少量蒸馏水搅拌使其溶解后，再稀释至所需的体积。若试剂溶解时有放热现象，或以加热促使其溶解的，应待其冷却后，再移至试剂瓶或容量瓶，贴上标签备用。

（2）介质水溶法

对易水解的固体试剂（如 $FeCl_3$、$ZnCl_2$、$BiCl_3$ 等），配制其溶液时，称取一定量的固体后需加入适量的酸或碱使之溶解，再以蒸馏水稀释至所需体积，摇匀后转入试剂瓶。在水中溶解度较小的固体试剂（如固体 I_2），则可选用其它溶剂将其溶解，稀释、定容、摇匀后转入试剂瓶中，贴上标签备用。

（3）稀释法

对于液态试剂（如盐酸、硫酸等），配制其稀溶液时，用量筒量取所需浓溶液的量，再用适量蒸馏水稀释。配制硫酸溶液时要将硫酸缓慢加入计量好的水中，并边加边搅拌。否则，水遇硫酸放热，由于水密度小，水易溅出致人受伤。

保存易被氧化的溶液需加还原剂，如保存配制好的 Fe^{2+}、Sn^{2+} 溶液，可分别加入 Fe 粉、Sn 粒，以防止溶液失效。

见光易分解的溶液要注意避光保存，如 $AgNO_3$、$KMnO_4$、KI 等溶液应贮存于棕色容器中。

1.3.2 基准物

基准物的定义表述为能够用来直接配制标准溶液的物质。基准物需具备以下几个条件：

① 纯度高，杂质的质量分数低于 0.02%，易制备和提纯。

② 组成（包括结晶水）与化学式相符。

③ 性质稳定，不分解，不吸潮，不吸收大气中 CO_2，不失结晶水等。

④ 有较大的分子量，以减少称量的相对误差。

常用基准物的干燥条件和应用范围列于表 1-4。

表 1-4 常用基准物的干燥条件和应用范围

基准物名称	标定对象	用前干燥方法
无水碳酸钠（Na_2CO_3）	酸	$270\sim300℃$ 干燥至恒重
硼砂（$Na_2B_4O_7 \cdot 10H_2O$）	酸	置于盛有 NaCl、蔗糖饱和溶液的密闭器皿中
邻苯二甲酸氢钾（$KHC_8H_4O_4$）	碱	$110\sim120℃$ 干燥至恒重
二水合草酸（$H_2C_2O_4 \cdot 2H_2O$）	碱，$KMnO_4$	室温空气干燥至恒重
乙二胺四乙酸二钠（$Na_2C_{10}H_{14}N_2O_8$）	金属离子	硝酸镁饱和溶液恒湿器中放置 7 天
碳酸钙（$CaCO_3$）	EDTA 溶液	$(110\pm2)℃$ 干燥至恒重
氧化锌（ZnO）	EDTA 溶液	$900\sim1000℃$ 灼烧至恒重
锌（Zn）	EDTA 溶液	室温干燥器中保存
碘酸钾（KIO_3）	还原剂	$130℃$ 干燥至恒重
重铬酸钾（$K_2Cr_2O_7$）	还原剂	$140\sim150℃$ 干燥至恒重
溴酸钾（$KBrO_3$）	还原剂	$130℃$ 干燥至恒重
草酸钠（$Na_2C_2O_4$）	氧化剂	$130℃$ 干燥至恒重
三氧化二砷（As_2O_3）	氧化剂	H_2SO_4 干燥器中干燥至恒重
氯化钠（NaCl）	硝酸银	$500\sim600℃$ 灼烧至恒重

1.3.3 标准溶液

化学实验中常用的标准溶液有滴定分析用标准溶液、仪器分析用标准溶液和 pH 测量用标准缓冲溶液。其配制方法如下：

（1）由基准物质直接配制　用分析天平或电子天平准确称取一定量的基准物，溶于适量的水中，再定量转移到容量瓶中，用水稀释至刻度。根据称取的质量、容量瓶的体积，计算出它的准确浓度。

（2）标定法　当欲配制标准溶液的试剂不是基准物，就不能用直接法配制，而要用间接法配制，即标定法。先粗配成近似所需浓度的溶液，然后用基准物通过滴定的方法确定已配溶液的准确浓度。

（3）稀释法　用移液管或滴定管准确量取一定体积的浓标准溶液，放入适当的容量瓶中，用溶剂稀释到刻度，得到所需浓度较低的标准溶液。

1.3.4　缓冲溶液

缓冲溶液是由共轭酸碱对组成，能够抵抗少量外来的酸、碱或稀释作用，系统的 pH 值基本不变的溶液。根据配制的缓冲溶液 pH 精确性，有常用的缓冲溶液和标准缓冲溶液。一些常用的缓冲溶液及配制方法见表 1-5。几种常用的标准缓冲溶液及其 pH 值见表 1-6。

表 1-5　常用缓冲溶液的组成及配制

缓冲溶液组成	pK_a	pH	配 制 方 法
氨基乙酸-HCl	2.35（pK_{a1}）	2.3	取 150g 氨基乙酸溶于 500mL 水中后，加浓盐酸 80mL，加水稀释到 1L
H_3PO_4-柠檬酸盐		2.5	取 113g $Na_2HPO_4 \cdot 12H_2O$ 溶于 200mL 水后，加 387g 柠檬酸，溶解，过滤后，稀释至 1L
一氯乙酸-NaOH	2.86	2.8	取一氯乙酸 200g 溶于 200mL 水中后，加 NaOH 40g，溶解后稀释到 1L
邻苯二甲酸氢钾-HCl	2.95（pK_{a1}）	2.9	取邻苯二甲酸氢钾 50g 溶于 500mL 水中，加浓盐酸 80mL，稀释至 1L
NaAc-HAc	4.74	4.7	取无水 NaAc 83g 溶于水中，加冰醋酸 60mL，稀释到 1L
六亚甲基四胺-HCl	5.15	5.4	取六亚甲基四胺 40g 溶于 200mL 水中，加浓盐酸 10mL，稀释到 1L
NH_3-NH_4Cl	9.26	9.2	取 NH_4Cl 54g 溶于水中后，加浓氨水 63mL，稀释到 1L

表 1-6 几种常用的标准缓冲溶液 pH

标准缓冲溶液	pH（25℃时的标准值）
饱和酒石酸氢钾（$0.0340 mol \cdot L^{-1}$）	3.557
$0.0500 mol \cdot L^{-1}$ 邻苯二甲酸氢钾	4.008
$0.0250 mol \cdot L^{-1} KH_2PO_4 + 0.0250 mol \cdot L^{-1} Na_2HPO_4$	6.865
$0.0100 mol \cdot L^{-1}$ 硼酸	9.180
饱和氢氧化钙	12.454

1.4 常用气体

实验室也常用到各种气体，根据气体用量的多少或性质，通常有实验室制备和直接购买钢瓶气体两种获得渠道。

1.4.1 气体的制备

由于很多化学反应都能产生某种气体，因而实验室制备某种气体时，通常以常用药品为原料，以方便、安全、经济为原则。同时有几种简便易行的方法时，则考虑能制备出更纯的气体方法。

实验室制备气体的化学反应，按反应物的状态和反应的条件，可以分为四大类：第一类为固体与固体混合物加热的反应；第二类为不溶于水的块状或粒状固体与液体之间不需加热的反应；第三类为固体与液体之间需加热的反应，或粉末状固体与液体之间不需加热的反应；第四类为液体与液体之间的反应，一般需要加热。

如果按制备气体的典型实验装置区分，可分为三大类：第一类是固体加热装置（图 1-1）；第二类是不溶于水的块状或粒状固体与液体常温下反应的装置，一般使用启普发生器（图 1-2）或其它简易装置；第三类是固体与液体之间或液体与液体之间的反应装置（图 1-3）。

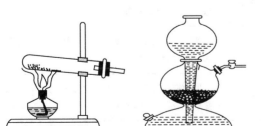
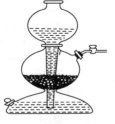
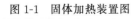

图 1-1 固体加热装置图 图 1-2 启普发生器 图 1-3 液-液或液-固反应制备气体装置

实验室制备 O_2、NH_3 通常采用图 1-1 固体加热装置，而制备 CO_2、H_2、H_2S 气体由于是用块状固体和盐酸反应，且不需加热，可采用图 1-2 启普发生器装置来制备。当进行的反应需要加热或固体不是块状而是粉末，或颗粒较小时，不能用启普发生器进行反应，只能选用图 1-3 装置，比如制备 Cl_2、HCl、N_2、CO。图 1-3 气体制备装置使用范围较广，固-液、液-液反应、需不需加热都可以用。

（1）图 1-1 固体加热装置使用及注意事项

① 安装时注意试管口要略低于试管底，以防固体受热分解时生成的水以及附于固体表面的湿存水，因汽化生成水蒸气在管口冷凝后流到炽热的试管底部，使试管炸裂。

② 持夹应夹在离试管口 1/3 处。

③ 要根据用灯焰的哪个部位加热调整灯具和试管的位置，酒精灯加热一般用外焰加热。

④ 检查气密性。用带有玻璃导气管的塞子塞住试管口，并将导气管的另一端浸没在烧杯里的水中，用双手握住试管底部或用微火加热试管的外壁。由于试管里的气体受热膨胀，这时水中导气管中就有气泡溢出。在手移开或停止加热时，管内因温度降低，气压减小，水在其静压力的作用下会升入导管形成一段水柱，并且在较长时间里不回落。此时装置严密不漏气，否则气密性不好（图 1-4）。

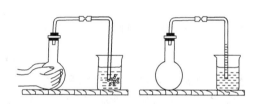

图 1-4　检查气密性

⑤ 伸入试管的玻璃导气管头不能过长，一般在 0.5cm 左右。

⑥ 装入试管的固体要研细并混合均匀后平铺在试管底部。

⑦ 加热制备气体时，要先用灯焰反复均匀地预热试管，然后灯焰以半个火焰的距离从试管前部往试管底部逐渐移动。不可先加热试管底部，否则产生的气体易形成气流，将未反应的固体混合物冲出。用排水法收集气体完毕时，还应注意要先将导气管撤离水面，后撤火焰，否则冷水倒流到热的试管将引起试管炸裂。

（2）图 1-2 启普发生器使用及注意事项

① 启普发生器结构　启普发生器（图 1-5）主要由球形漏斗（a）、葫芦状的玻璃容器（b）和导气管活塞（c）三部分组成。葫芦状容器又可分为球体、半球体、下口塞三部分。

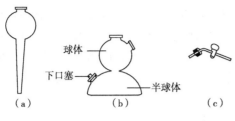

图1-5 启普发生器的组成

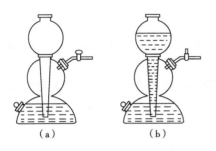

图1-6 检查漏液、漏气时的启普发生器

② 启普发生器使用及注意事项

a. 使用前应首先检查整个装置是否漏液（漏水）、漏气。若是新的启普发生器［见图1-6（a）］，在检查前还应把球形漏斗、葫芦状容器及导气管活塞三部分的磨砂部分先薄薄地涂上一层凡士林，并插入磨口内旋转，使之装配严密，然后检查是否漏液、漏气。

先检查漏液。打开导气管的活塞，从球形漏斗口注水至半球体活塞上方，检查半球体下口塞是否漏水［图1-6（a）］。若漏水，则将塞子取出，擦干、塞紧，或更换塞子后再检查。

若不漏液，再检查是否漏气。关闭导气管活塞，继续从球形漏斗注入水至漏斗的1/2处［如图1-6（b）］，停止加水并标记水面的位置，静置，然后观察水面是否下降。若水面不下降，则表明不漏气；若漏气，则应检查原因，可从导气管活塞、胶塞和球形漏斗与容器的连接处去检查，并加以处理。

b. 装填固体试剂 先把启普发生器的球形漏斗拿出，侧倒葫芦状容器，从上端口加块状颗粒于葫芦状容器的球形部分（不要进入半球部分）。装固体量不要超过球形部分的1/3。插好球形漏斗，竖起摇匀。或直接从葫芦状的玻璃容器侧口加入块状颗粒，再装上导气管。为了防止反应后颗粒变小掉进半球内，可在球形漏斗颈上装个有孔的或锯齿状橡皮圈（图1-7），卡在葫芦状容器的球形部分与半球之间，再在上面垫些玻璃纤维即可。

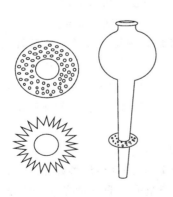

图1-7 橡皮圈及安装

c. 装液体反应物 可将液体从球形漏斗口注入。注入时先开启导气管活塞，待注入的液体可保持与固体接触后，即关闭导气管活塞。再继续加入液体至液体进入球形漏斗 1/4～1/3 处，以保证反应时液体可浸没固体。加入液体量不能过多，以免反应时液体冲入导气管中。

d. 试用　将固体和液体反应物都按上述操作装入后，打开导气管活塞，液体就从半球体进入球体与固体接触发生反应，生成的气体由导气管逸出 [图 1-8(a)]。然后关闭导气管活塞，球体内气压增大，将液体压回半球体和球形漏斗 [图 1-8(b)]。这时液体与固体分离，反应自动停止。这些现象说明装置功能正常，可正式使用。

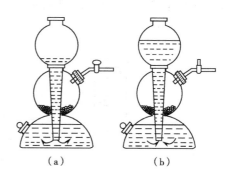

（a）　　　　　（b）

图 1-8　试用

e. 反应中途反应物的添加　添加固体反应物：先关闭启普发生器的导气管活塞，将液体压入球形漏斗，使固体与液体分离 [图 1-8(a)]。紧接着将球形漏斗上端口用橡皮塞塞紧，再拔下图 1-5(c) 导气管的活塞，将固体从此处添加到葫芦状容器的球形部分，然后重新塞紧导气管，再拔下球形漏斗口上的橡皮塞。

添加液体反应物：先关闭导气管活塞，将液体压入球形漏斗，使固体与液体分离。用移液管或虹吸管从球形漏斗上端口抽吸出废液，再添加新液体。也可以用另一种方法添加液体。先关闭导气管活塞，将液体压入球形漏斗，使固体与液体分离。球形漏斗上端口用橡皮塞塞紧，然后打开下口塞 [图 1-5(b)]，倾斜发生器，让废液从下口塞处流出。待废液流出后，再塞紧塞子，直立启普发生器，从球形漏斗口注入新液体。

（3）图 1-3 液-液或液-固反应制备气体装置使用及注意事项

① 使用时要注意根据火焰调整灯具、装置的高度，注意垫石棉网。

② 为了阻止反应产生的气体进入分液漏斗下部的颈管内，影响分液漏斗往下滴液，尽可能将分液漏斗插入烧瓶的液体中。若分液漏斗颈较短的话，可用胶管接一段短玻璃管。

③ 检查气密性的做法可参照固体加热装置。如图 1-4。

④ 装入反应物。先将固体装入烧瓶，再将液体盛放在分液漏斗中。液体与液体反应则视情况看将哪种液体装入烧瓶中。

⑤ 制备气体。打开分液漏斗活塞，少量多次地往圆底烧瓶中加入液体。要加热的话，先预热，再集中加热。产生的气体通过导气管导出，用合适的方法收集。

1.4.2 气体的收集

无机实验收集气体的方法主要有排气集气法和排水集气法两种。排气集气法又分为向上排气集气法和向下排气集气法（图1-9）。

（a）向上排气收集法　（b）向下排气收集法　（c）排水收集法

图1-9　气体收集法

（1）向上排气集气法

① 适用范围　凡不与空气反应、密度又比空气大得多的气体（密度大小可由该气体的分子量与空气平均分子量29的大小来判断，气体的分子量在数值上等于其摩尔质量），可用向上排气法收集。比如 Cl_2、HCl、CO_2、SO_2、H_2S、NO_2 等气体收集。

② 操作过程　将干净且干燥的集气瓶瓶口朝上放置，再将导气管伸入集气瓶近瓶底处，瓶口用穿入导气管的硬纸板遮住，不要堵严，或在集气瓶口塞上一团脱脂棉。当气体进入集气瓶时，由于其密度较空气大，先沉积在瓶底，然后逐渐上升把瓶内的空气赶出。在收集过程中要随时检查瓶内是否已充满了所收集的气体。集满后，用毛玻璃片盖住瓶口，将集气瓶正立于台面上备用。

（2）向下排气集气法

① 适用范围　凡不与空气反应、密度比空气小较多的气体，可用向下排气法收集。比如 H_2、NH_3、CH_4 等气体的收集。

② 操作过程　将干净而干燥的集气瓶瓶口朝下放置，再将导气管伸入集气瓶近瓶底处，瓶口用穿入导气管的硬纸板遮住，不要堵严，或在集气瓶口塞上一团脱脂棉。当气体进入集气瓶时，由于其密度较空气小，先占据瓶底空间，然后逐渐下压把瓶内的空气赶出。在收集过程中要随时检查瓶内是否已充满了所收集的气体。集满后，用毛玻璃片盖住瓶口，将集气瓶倒立于台面上备用。

（3）排水集气法

① 适用范围　凡不溶于水而又不与水反应的气体，可用排水法收集。通常适用于排水法收集的气体有 O_2、H_2、N_2、NO、CH_4 等。

凡能用排水集气法收集的气体尽量用排水集气法来收集。因为排水集气法收集的气体浓度大、纯度高，而排气集气法收集的气体总含有少量空气，因而收集、储备较大量易爆气体时，不宜用排气法收集。可燃性气体混入空气后，如达到爆炸极限，点火即可爆炸。

②操作过程　如图 1-9(c) 所示，先在水槽中盛 1/2～2/3 水，再将集气瓶完全灌满水，不留一点气泡。用毛玻璃片的磨砂面慢慢地沿瓶口水平方向移动，把瓶口多余的水赶走，并严密盖住瓶口，这样可使集气瓶内无气泡。用手按住毛玻璃，迅速把集气瓶倒立在水槽中（若有空气进入了集气瓶，则要重新灌满水重做）。然后在水中将毛玻璃片抽出，将导气管伸入瓶内。气体不断从导气管进入集气瓶，逐渐把瓶内的水排出，当集气瓶口有水泡冒出时，说明水被排尽，气已收满。此时移走导气管，并在水中用毛玻璃片盖住充满气体的集气瓶口，从水中取出集气瓶放桌面上。若密度比空气小，则倒立；若密度比空气大，则正立于桌面上。

排水集气法还需注意气体发生器的空气排尽后（氢气必须事先试纯），才能把导气管伸进集气瓶。不要在反应未开始时或反应器内的空气排尽前就进行收集。如果是对气体发生器加热的情况下用排水法收集气体，则气体收满后，必须先把导气管从水槽中取出，然后再撤去加热装置，以防水倒吸入发生器引起容器炸裂。

（4）排液集气法　一般来说，排水集气法收集的气体必须是不溶于水且不与水反应的气体。欲收集较纯净的易溶于水的气体可采用排其它液体的方法。实验室里常用排饱和食盐水法来收集氯气，因为氯气在饱和食盐水中的溶解度约为在水中溶解度的 1/4。

（5）各种气体是否收集满的检验　可以根据气体的某些特性确定检验方法，见表 1-7。

表 1-7　常见气体集满的检验方法

气体	特性	检验方法	集满标志
O_2	助燃	用带有余烬的木条（或火柴梗）放在瓶口	余烬复燃
CO_2	灭燃	燃着的火柴放在瓶口	熄灭
Cl_2	黄绿色	凭颜色观察	充满黄绿色
	遇淀粉-碘化钾试纸变蓝	将湿润的淀粉-碘化钾试纸放在瓶口	试纸变蓝
HCl	遇水蒸气生成白雾	向瓶口吹气	有白雾生成
	易溶于水，水溶液呈酸性	用湿润的蓝色石蕊试纸（或广泛 pH 试纸）放在瓶口	试纸变红
	遇氨气生成白烟	用蘸有浓氨水的玻璃棒接近瓶口	有白烟生成

气体	特性	检验方法	集满标志
H_2S	与某些金属盐溶液生成不溶性的金属硫化物	将湿润的醋酸铅试纸放到瓶口（或将蘸有醋酸铅溶液的滤纸条放到瓶口）	试纸变黑
SO_2	易溶于水，水溶液呈酸性	将湿润的蓝色石蕊试纸（或广泛 pH 试纸）放在瓶口	试纸变红
NH_3	具刺激性气味	手轻扇瓶口气体闻气味	闻到氨臭
	易溶于水，水溶液呈碱性	将湿润的红色石蕊试纸（或广泛 pH 试纸）放在瓶口	试纸变蓝
	遇 HCl 气生成白烟	将玻棒蘸浓盐酸放在瓶口	有白烟产生
NO_2	呈红棕色	凭颜色观察	充满红棕色
	遇淀粉-碘化钾试纸变蓝	将湿润的淀粉-碘化钾试纸放到瓶口	试纸变蓝色（或棕紫色）

1.4.3　气体钢瓶供气

实验室还可通过气体钢瓶直接获得各种气体。气体钢瓶是储存压缩气体的特制的耐压钢瓶。钢瓶的内压很大，最高工作压力可达 15MPa，最低的也在 0.6MPa 以上，而且有些气体易燃或有毒，所以操作要小心谨慎。使用时要注意：

① 钢瓶应存放在阴凉、干燥、远离热源（如阳光、暖气、炉火）的地方。可燃性气体钢瓶与氧气瓶分开存放。放置要平衡，防止倒下或受到冲击。

② 不可使油或其它易燃性有机物沾在气瓶上（特别是气门嘴和减压器）。不得用棉、麻等物堵漏，以防燃烧引起事故。

③ 使用气体钢瓶时，要用减压阀有控制地放出气体。除了 N_2、O_2 瓶减压阀可相互通用外，其它各种气体的减压阀不得混用。可燃性气体钢瓶的气门螺纹是反扣的。不燃或助燃性气体钢瓶的气门螺纹是正扣的。

④ 钢瓶内的各种气体绝不能全部用完，应按规定留有剩余压力。使用后的钢瓶应定期送有关部门检验，检验合格才能充气。

为了为避免把各种气体混淆，通常在气瓶外面涂以特定的颜色以利区分，并在瓶上写明瓶内气体的名称。表 1-8 为我国贮气钢瓶常用的标记。

表 1-8 实验室中常用气体钢瓶的标记

气体类别	瓶身颜色	标记颜色	气体类别	瓶身颜色	标记颜色
氮气	黑	白	氨气	淡黄	黑
氧气	淡蓝	黑	二氧化碳	铝白	黑
氢气	浅绿	大红	氯气	深绿	白
空气	黑	白	乙炔气	白	大红

1.4.4 气体的纯化

由于制备的气体本身性质、所含杂质不同，因此气体纯化的方法也各异。一般都是通过洗涤、吸收气体中杂质而达到净化和干燥的目的。通常先用洗涤剂去除杂质和酸雾，最后将气体干燥。一般酸雾可用水或玻璃棉除去，水汽可选用浓硫酸、无水氯化钙或硅胶等干燥剂吸收。气体中如还有其它杂质，可根据具体情况分别用不同的洗涤剂或干燥剂吸收。

洗涤剂的选择应从以下几方面来考虑：①易溶于水的物质用水吸收；②酸性物质用碱性物质吸收除去；③碱性物质用酸性物质吸收除去；④用可与杂质生成沉淀或可溶物的吸收剂吸收；⑤不能直接吸收除去的杂质，设法通过一定的变化，转化成可吸收的物质；⑥不能选用能与被提纯气体反应的吸收剂。

干燥剂只能用于吸收气体中的水分，不能与气体发生化学反应。实验室常用干燥剂有三类：一类为酸性干燥剂，有浓硫酸、五氧化二磷、硅胶等；第二类为碱性干燥剂，有固体烧碱、石灰、碱石灰等；第三类为中性干燥剂，如无水氯化钙。干燥剂选择不能仅仅从简单的性质推理去考虑，还要考虑具体条件下是否可行。常见一些气体选用的干燥剂如表 1-9。

表 1-9 一些气体常用干燥剂

气体	干燥剂	气体	干燥剂
N_2	H_2SO_4（浓）、$CaCl_2$、P_2O_5	HCl	$CaCl_2$
O_2	H_2SO_4（浓）、$CaCl_2$、P_2O_5	Cl_2	$CaCl_2$
H_2	H_2SO_4（浓）、$CaCl_2$、P_2O_5	HBr	$CaBr_2$
SO_2	H_2SO_4（浓）、$CaCl_2$、P_2O_5	HI	CaI_2
CO	H_2SO_4（浓）、$CaCl_2$、P_2O_5	H_2S	P_2O_5
CO_2	H_2SO_4（浓）、$CaCl_2$、P_2O_5	NO	$Ca(NO_3)_2$
CH_4	H_2SO_4（浓）、$CaCl_2$、P_2O_5	NH_3	碱石灰、CaO

干燥剂的干燥能力是通过使用饱和了蒸汽的空气，在 25℃ 下以 $1 \sim 3 L \cdot h^{-1}$ 的速度通过已称重的干燥剂，然后测量空气中的残余水分来确定的。其单位是 mg（水）$\cdot L^{-1}$（空气）。数值越小，干燥能力越强。常用一些干燥剂的干燥能力如表 1-10（均为 25° 时的数据）。

表 1-10 一些常用干燥剂的干燥能力

干燥剂	干燥能力/$(mg \cdot L^{-1})$	干燥剂	干燥能力/$(mg \cdot L^{-1})$
P_2O_5	2×10^{-5}	NaOH（熔凝）	0.16
KOH（熔凝）	2×10^{-3}	CaO	0.2
Al_2O_3	3×10^{-3}	$CaCl_2$（粒状）	$0.14 \sim 0.25$
SiO_2（硅胶）	$0.5 \times 10^{-3} \sim 3 \times 10^{-3}$	$CuSO_4$	1.4
H_2SO_4（100%）	3×10^{-3}	H_2SO_4（85%）	1.8

通常使用洗气瓶［图 1-10（a）］、干燥塔［图 1-10（b）］或具支 U 形管［图 1-10（c）］等装置进行气体纯化。液体洗涤剂（如水、浓硫酸）装在洗气瓶内，无水氯化钙和硅胶装在干燥塔或 U 形管内，玻璃棉装在 U 形管内。

（1）洗气瓶的使用　首先要在导管的磨口处［图 1-11（a）］涂一薄层凡士林，以使接口不漏气。其次，拿开导管往容器中注入洗涤剂或干燥剂，注入的量没过导管［图 1-11（b）］，最好没过 1cm，不要太多，以免气体出不来。再次，用橡皮管（或乳胶管）连接在装置中。注意确保严密不漏气，还要注意从长管［图 1-11（c）］进气、短管［图 1-11（d）］出气。接反了不仅达不到洗气的目的，还反而将洗涤液压回反应器中。若洗气瓶作为缓冲瓶连接入装置中，这时是空瓶，连接要反接，即短管进气、长管出气。

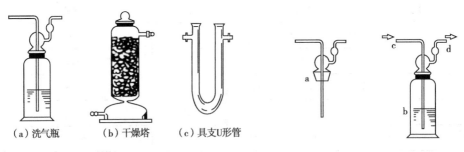

　　（a）洗气瓶　　　（b）干燥塔　　　（c）具支U形管　　　　　图 1-11　洗气瓶使用

图 1-10　气体纯化装置

（2）干燥塔的用法　气体由下口导管进入，由上口导管出来。在气体进出口处也应各塞上一团脱脂棉。干燥剂不要填得太紧。干燥塔可直立于台面使用。

（3）具支 U 形管的使用　干燥剂的装填不要超过支管高度，并要填上脱脂棉过滤，防止干燥剂进入气体中。气体从两侧支管进出。

2　常用器材及基本操作

2.1　化学实验室常用仪器

实验室常用仪器有玻璃仪器（包括度量和非度量两类）、加热仪器及其它仪器。常用的小型仪器示意图及用法见表 1-11。

表 1-11　实验常用小型仪器

仪　器	规　格	用　途	注 意 事 项
试管　　试管架	试管分为硬质试管、软质试管、普通试管、离心试管　普通试管以管口外径×长度（mm×mm）表示。离心试管以容积（mL）表示　试管架有木质和铝质等材质	用作少量试液的反应容器，便于操作和观察　离心试管还可用于定性分析中的沉淀分离　试管架用来存放试管	加热后不能骤冷，以防试管破裂　需加热时，试液量不超过容积的 $\frac{1}{3}$；其它情况下不超过 $\frac{1}{2}$　离心试管不可直接加热
试管夹	竹制、钢丝制	用于夹拿试管	防止弯曲折损（竹质）或锈蚀
毛刷	以大小和用途表示，如试管刷、烧杯刷等	洗刷玻璃仪器	谨防刷子顶端的铁丝捅破玻璃仪器
烧杯	以容积（mL）表示	用于盛放试剂或用作反应器	所盛液体不得超过烧杯容量的 2/3　加热时应放在石棉网上

仪　器	规　格	用　途	注 意 事 项
锥形瓶	以容积（mL）表示	反应容器，振荡方便，常用于滴定操作	加热时应放在石棉网上
滴瓶	以容积（mL）表示	用于盛放少量试液或溶液，便于取用	滴管不得交换，不能长期盛放浓碱液
量筒　量杯	以容积（mL）表示	用于量取一定体积的液体	不能受热
容量瓶	以容积（mL）表示	用于配制准确浓度的溶液	不能受热。不能量取热溶液或热液体
称量瓶	以外径 × 高（mm×mm）表示	用于准确称取固体	不能加热。盖子是磨口配套的，不得丢失，弄乱。不用时应洗净，在磨口处垫上纸条
干燥器	以外径（mm）表示	用于干燥或保干试剂	不得放入过热物品

续表

仪　器	规　格	用　途	注意事项
药匙	牛角、瓷质或塑料制	取固体试剂	试剂专用，不得混用。 避免沾污试剂，发生事故
广口瓶　细口瓶	以容积（mL）表示	细口瓶和广口瓶分别用于盛放液体试剂和固体试剂，广口瓶亦可收集气体	不能直接加热。瓶塞不能弄脏、弄乱。磨口塞不用时在磨口处垫纸片
表面皿	以口径（mm）表示。材质通常是玻璃	盖在烧杯上	不可用火加热
长颈漏斗　漏斗	以口径（mm）表示	用于过滤	不得用火加热
抽滤瓶　布氏漏斗	布氏漏斗为瓷质，以容量（mL）或口径（mm）表示，抽滤瓶以容积（mL）表示	用于减压过滤	不得用火加热
分液漏斗	以容积（mL）和形状（球形、梨形）表示	用于分离互不相溶的液体，也可用作气体发生装置中的加液漏斗	不得用火加热
蒸发皿	以口径（mm）或容积（mL）表示。材质有瓷、石英、铂等	用于蒸发液体或溶液	一般忌骤冷、骤热，视试液性质选用不同材质的蒸发皿。 一般放在石棉网上加热

续表

仪 器	规 格	用 途	注意事项
坩埚　坩埚钳	以容积（mL）表示 材质有瓷、石英、铁、镍、铂等	用于强热、煅烧固体	注意用坩埚钳取出放在石棉网上时，坩埚钳要先预热。防止坩埚骤冷而破裂，也防止烧坏桌面
泥三角	有大小之分	灼烧过程中用于支承坩埚	注意检查铁丝是否断裂 坩埚要横着斜放在三个瓷管中的一个瓷管上
石棉网	有大小之分	支承受热器皿	不能与水接触
1—铁夹；2—铁环；3—铁架	—	用于固定或放置容器	
三脚架	有大小、高低之分	支承较大或较重的加热容器	—
研钵	以口径（mm）表示 材质有瓷、玻璃、玛瑙或铁等	用于研磨固体试剂	不能用火直接加热。依固体的性质选用不同材质研钵
燃烧匙	—	用于燃烧物质	—

续表

仪　　　器	规　　　格	用　　　途	注意事项
数控水浴锅	钢质或铝质，有大、中、小之分	用于水浴加热	—
圆底烧瓶　平底烧瓶	以容积（mL）表示	可作为长时间加热的反应容器	加热时应放在石棉网上
蒸馏烧瓶	以容积（mL）表示	用于液体蒸馏，也可用于制取少量气体	加热时应放在石棉网上

2.2　常用玻璃仪器

2.2.1　常用玻璃仪器的分类

常用玻璃仪器有容器类、量器类、标准磨口仪器。

（1）容器类　通常作为常温或加热条件下物质的反应容器、贮存容器。容器类玻璃仪器包括试管、烧杯、烧瓶、锥形瓶、滴瓶、细口瓶、广口瓶、称量瓶、分液漏斗和洗气瓶。每种类型有多种不同规格。使用时要根据用途、用量选择不同种类、不同规格的容器。具体用法可查表 1-11。

（2）量器类　用于度量溶液体积的玻璃仪器，不能用来作为实验容器进行溶解、稀释、反应等操作，也不可以量取热溶液、加热或长期存放溶液。量器类容器主要有量筒、移液管、吸量管、容量瓶和滴定管等。每种类型又有不同规格。度量仪器的选择应遵循保证实验结果精确度的原则。选择和使用度量仪器的能力反映了学生实验技能水平的高低。

（3）标准磨口仪器　具有标准内磨口和外磨口，使用时根据实验的需要选择合适的容量和合适的口径。相同编号的磨口仪器，具有一致的口径，连接是紧密的，使用时可以互换。注意：仪器使用前，首先将内外磨口擦洗干净，再涂少许凡士林，然后内磨口与外磨口相转动，使口与口之间形成一层薄薄的油层，固定好，以提高严密度并防止粘连。常用标准磨口玻璃仪器口径编号见表 1-12。

表 1-12 标准磨口玻璃仪器口径编号

编号	10	12	14	19	24	29
口径（大端）/mm	10.0	12.5	14.5	18.5	24	29.2

2.2.2 常用玻璃仪器的洗涤

为了得到准确的实验结果，每次实验前和实验后必须将实验仪器洗涤干净。尤其对于久置变硬不易洗掉的实验残渣和对玻璃仪器有腐蚀作用的废液，一定要在实验后立即清洗干净。一般说来，污物既有可溶性物质，也有灰尘和不溶性物质，还有有机物及油污等。因而根据污物的性质不同可有三种洗涤方法。

（1）洗涤方法

① 冲洗法　主要利用水可以把可溶性污物溶解，进而去除可溶性污物。通常先倒掉仪器内物质，再向容器内加入少量（不超过容积的 1/3）的自来水，用力振荡后，把水倒出，如此反复冲洗数次。

② 刷洗法　内壁附有不易冲洗的物质，可用毛刷刷洗，利用毛刷对器壁的摩擦使污物去除。通常先注入少量水，然后选好毛刷。毛刷顶端有竖毛，以防弄坏仪器特别是玻璃仪器。刷洗时要柔力来回刷或在管壁内旋转刷。

③ 药剂洗涤法　对不溶于水、用水也难刷洗掉的污物，就要考虑用洗涤剂或药剂来洗涤。最常用的是用毛刷蘸取肥皂液或合成洗涤剂来刷洗，这主要用于除去油污或一些有机污物。

（2）洗涤步骤　一般仪器的洗涤步骤，通常是先用冲洗法，洗不干净则继续用毛刷刷洗或药剂洗涤。最后用洗瓶挤压出蒸馏水刷洗，以将自来水中的离子洗净。

对于那些无法用普通水洗方法洗净的污垢，或因仪器口小、管细而不便用毛刷刷洗处，就要用少量铬酸洗液或王水洗涤，也可根据污垢的性质选用适当的试剂，通过化学方法去除。

用铬酸洗液或王水洗涤时，可往仪器内注入少量洗液，使仪器倾斜并慢慢转动，让仪器内壁全部被洗液湿润。再转动仪器，使洗液在内壁流动。经流动几圈后，把洗液倒回原瓶（铬酸洗液可反复使用，直至溶液变为绿色时失去去污能力）。对沾污严重的仪器，可用洗液浸泡一段时间，或者用热洗液洗涤，效率更高。倾出洗液后，再加水刷洗或冲洗。决不允许将毛刷放入洗液中。

（3）特殊洗液的配制方法

① 铬酸洗液　将 10g 重铬酸钾固体放入 500mL 烧杯中，加水 30mL，加热溶解，冷却后在不断搅拌下缓慢加入 170mL 浓硫酸，边加边搅动，溶液呈

暗红色。再次冷却后装入细口瓶中备用。其反应方程式为：

$$K_2Cr_2O_7 + H_2SO_4 \!=\!=\!= K_2SO_4 + 2CrO_3（深红色晶体） + H_2O$$

配制时切勿将重铬酸钾加到浓硫酸中。装洗液的瓶子应盖好盖子，以防吸潮。使用洗液时要注意安全，不要溅到皮肤、衣物上。

② 王水　浓硝酸与浓盐酸以 1∶3（体积比）混合配置的溶液。王水不稳定，必须现用现配。

（4）洗净的标准

凡洗净的玻璃仪器，应内、外壁清洁透明，水沿器壁流下后，均匀润湿，不挂水珠。

2.2.3　常用玻璃仪器的干燥

一些无机、分析、有机实验必须在干净、干燥的容器中进行。常用的干燥方法有四种：

① 自然晾干。将洗净的玻璃仪器倒置在仪器架上或仪器柜内，在空气中自然晾干。

② 烤干。用煤气灯、红外灯等烤干仪器烤干。

③ 吹干。用吹风机吹干或用气流干燥器烘干。吹风机一般按冷风—热风—冷风的顺序吹，干得比较快。

④ 烘干。用恒温干燥箱烘干。

恒温干燥箱常用来干燥玻璃仪器或烘干无腐蚀性、热稳定性比较好的药品，但挥发性易燃品或刚用酒精、丙酮润湿过的仪器切勿放入烘箱内，以免发生爆炸。烘箱的使用方法要参考其使用说明书。

一般烘箱最高使用温度可达 200~300℃，常用温度在 100~120℃。玻璃仪器干燥时，应先洗净并将水尽量倒干，放置时应注意平放或使仪器口朝上，带塞的瓶子应打开瓶塞，如果能将仪器放在托盘里则更好。一般在 105℃加热约 15min 即可干燥。最好让烘箱降至常温后再取出仪器。烘干的药品则再放在干燥器中保存。

精密的计量仪器不能用加热的方法干燥，以免热胀冷缩影响精密度，可用自然晾干或有机溶剂快干法。

2.3　干燥器

仪器和试剂除了烤干、烘干、吹干、晾干外，还要在保存时保持干燥。仪器的干燥有特殊的方法，比如分析天平中加干燥剂，或在环境中装除湿器。试剂的干燥则要用干燥器。

干燥器是存放干燥物品、防止吸湿的玻璃仪器。干燥器的下部盛有干燥剂（常用变色硅胶或无水氯化钙），上置一个带孔的圆形瓷板以承放容器，瓷板下放一块铁线网以防承放物下落。干燥器是磨口的，涂有一层很薄的凡士林以防止水汽进入。开启（或关闭）干燥器时，应用左手朝里（或朝外）按住干燥器下部，用右手握住盖上的圆顶朝外（或朝里）平推器盖［图1-12(a)］。当放

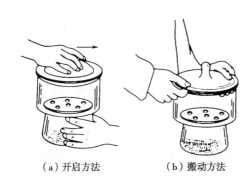

（a）开启方法   （b）搬动方法

图 1-12　干燥器的开启和搬动

入热坩埚时，为防止空气受热膨胀把盖子顶起而滑落，应当用与上述相同的操作两手抵着它，反复推、拉盖子几次以放出热空气，直至盖子不再容易滑动为止。

搬动干燥器时，不应只捧着下部，而应同时护住盖子［图1-12(b)］，以防盖子滑落。使用干燥器时应注意：

① 干燥器应保持清洁，不得存放潮湿的物品。

② 干燥器只在存放或取出物品时打开，物品取出或放入后，应立即盖上。

③ 放在底部的干燥剂，不能高于底部高度的 1/2 处，以防沾污存放的物品。干燥剂失效后要及时更换。

2.4　玻璃量器

玻璃量器通常有精密度不太高的量筒、量杯，精密度高的移液管、吸量管、容量瓶、滴定管等。

2.4.1　量筒、量杯的使用

量筒或量杯是用于量取一定体积的液体物质的玻璃量器。根据不同的需要，量筒或量杯有 5mL、10mL、25mL、50mL、100mL、200mL、500mL、1000mL 等规格。量取时，量筒应竖直放置或持直，读数时通常要将视线与量筒或量杯内液体液面弯月面的最低处保持水平，偏高或偏低都将使读数不准而造成较大的误差（如图1-13）。

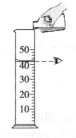

图 1-13　量筒的使用

2.4.2　容量瓶的使用

容量瓶［图 1-14(a)］是一种细颈梨形平底玻璃烧瓶，带有磨口瓶塞。瓶颈上刻有环形标线，瓶身上标有体积，表示在指定温度下（一般为 20℃）液体达到标线时的体积。这种容量瓶一般是"量入"的容器。但也有两条标线的，上面一条表示量出的体积。容量瓶主要用于把准确称量的试剂配制成准确浓度的溶液，或是将准确浓度的溶液稀释成准确浓度的稀溶液。常用的容量瓶有 25mL，50mL，100mL，250mL，1000mL 等多种规格。

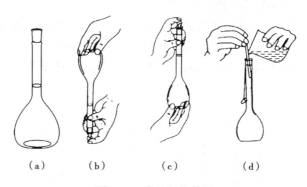

（a）　　　　（b）　　　　（c）　　　　（d）

图 1-14　容量瓶的使用

（1）容量瓶的使用步骤

① 先查看容量瓶的体积和刻度线的位置。

② 检查容量瓶是否漏水。往容量瓶中加水至标线附近，盖好瓶塞后，左手用食指按住瓶塞，其余手指拿住瓶颈标线以上部分，右手托住瓶底。将容量瓶倒立 2min，观察瓶塞周围是否有水渗出。如不漏水，将瓶直立，转动瓶塞 180°，再倒立 2min，如不漏水，方可使用［图 1-14(b)］。

③ 洗涤容量瓶：洗涤容量瓶时，先用自来水冲洗几次，倒出水后内壁不挂水珠，再用蒸馏水荡洗三次后（每次 15～20mL），备用。若洗不干净，必须用铬酸洗液洗涤，再用自来水充分冲洗至不挂水珠，最后蒸馏水荡洗三次。

④ 配制溶液：将准确称量的试剂放在小烧杯中，加入少量蒸馏水，搅拌使其溶解后沿玻璃棒把溶液转移到容量瓶里［图 1-14(d)］。若难溶，可盖上表面皿，稍加热，但须放冷后才能转移。后用少量水洗涤小烧杯内壁 3～4 次，每次的洗液按同样操作转移到容量瓶中。当溶液的体积增加至容积的 2/3 时，将容量瓶摇晃作初步混匀，但不可倒转。在接近标线时，可用滴管或洗瓶逐滴加水至弯月面最低点恰好与标线相切。盖紧瓶塞，用食指压住瓶塞，另一只手托住容量瓶底部，倒转容量瓶，使瓶内气泡上升到顶部，边倒转边摇动。如此

反复多次，使瓶内溶液充分混合均匀［图 1-14(c) 和(b)］，转移入试剂瓶中贮存，贴上标签。

（2）容量瓶的存放　容量瓶洗净后，在瓶口与磨口塞之间垫上一纸片，以防瓶塞打不开。

2.4.3　移液管、吸量管的使用

移液管是一种中间有膨大部分（称为球部）的玻璃管，球部上和下均为较细窄的管颈，上端管颈有一条标线［如图 1-15(a)］。常用的移液管有 5mL，10mL，25mL，50mL 等规格。

吸量管是具有分刻度的玻璃管，如图 1-15(b)。吸量管一般只用于量取小体积的溶液，常用的有 1mL、2mL、5mL、10mL 等规格。有的吸量管刻度不是到管尖，而是离管尖有 1～2cm，所以移取溶液时要注意管尖刻度。

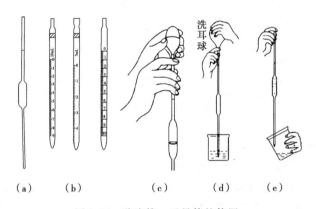

（a）　　（b）　　　　（c）　　　（d）　　（e）

图 1-15　移液管、吸量管的使用

（1）洗涤　使用前，移液管和吸量管都要洗涤。先将移液管插入洗液瓶内，再用洗耳球将洗液缓缓吸入移液管内约 1/4 处，用右手食指堵住移液管上口，然后将移液管横置过来，左手托住没沾洗液的下端，右手指松开，平转移液管，使洗液润洗内壁。如果移液管太脏，则在移液管上口接一小段橡胶管，用洗耳球吸取洗液充满移液管后，用自由夹夹紧橡胶管，让洗液在移液管内浸泡一段时间。拔去橡胶管将洗液由上口放回原瓶，然后用自来水充分冲洗，最后用蒸馏水洗至整个内壁和下部的外壁不挂水珠。

（2）润湿　用洗耳球吹去管内残留的蒸馏水并用滤纸将尖部外的水吸去，再用待移取的溶液润湿 2～3 次，以确保所移取溶液的浓度不变。

（3）移取溶液　如图 1-15(c)、(d) 所示，用右手的大拇指和中指拿住管颈上方，下部的尖端插入溶液 1cm，左手拿洗耳球，先挤掉球内的空气，再将

洗耳球的尖嘴对准移液管的上端口，慢慢放松洗耳球，液面随着左手放松而在移液管中上升。此时注意移液管下端要保持在液面下 1cm。当移液管中的液面升到刻度线上方时，移去洗耳球，迅速用右手食指按住管口，将移液管下端移出液面。用滤纸擦去移液管下端外部的溶液，然后略放松食指，用拇指和中指轻轻捻转管身，使液面平稳下降，直到溶液的弯月面与标线相切时，立即用食指压紧管口，使溶液不再流出。取出移液管，垂直插入承接的容器，倾斜容器，使移液管的尖嘴部分靠在容器内壁上，再松开食指，让管内溶液沿器壁自然流下［如图 1-15(e)］。待液面下降到管尖后，等 15s 拿出移液管。如移液管未注明"吹"字，残留在管尖部分的溶液不能用洗耳球吹入承接容器。因为移液管的容积不包括末端残留的溶液。

吸量管吸取溶液时，操作基本同移液管。移液管用完后放在指定位置。实验完毕要将它们依次用自来水、蒸馏水洗净。

2.4.4　酸碱滴定管及其使用

滴定管分为具塞和无塞两种，即习惯称的酸式滴定管和碱式滴定管，是可放出不同定量滴定液体的玻璃量器。实验室常用的有 10.00mL、25.00mL、50.00mL 等容量规格的滴定管。

酸式滴定管如图 1-16(a) 所示，下端有玻璃活塞开关。它不能长时间盛放碱液（避免腐蚀磨口和活塞），所以称酸式滴定管。酸式滴定管可以盛放非碱性的各种溶液。

碱式滴定管如图 1-16(b) 所示，下端连接一橡胶管，管内有玻璃球用以控制溶液的流出，橡胶管下端再连接一尖嘴玻璃管。凡是能与橡胶管起反应的氧化性溶液都不能用碱式滴定管滴定。

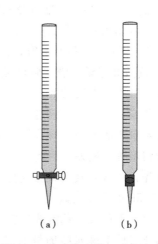

（1）酸式滴定管的使用

① 检查。应检查玻璃活塞是否配套，是否漏水。如果不配套、不紧密导致漏水，则不能用。

图 1-16　酸式滴定管、碱式滴定管

② 洗涤。洗净的滴定管内壁应完全均匀润湿而不挂水珠。若挂水珠，则应重洗。

③ 涂凡士林。涂凡士林的目的是使玻璃活塞转动灵活，并防止漏液。涂凡士林的操作方法如下：取下活塞，用滤纸片将活塞和活塞套擦干，擦拭时可

将滴定管放平，以免管壁上的水进入活塞套中。活塞中间有个孔，孔两边一头稍微小点，一头稍微大点。在活塞大头，用火柴棒蘸绿豆大小的凡士林涂在上面；再在活塞套的小头，用火柴棒涂上绿豆大小的凡士林；最后把活塞小心装进活塞套，沿一个方向不断地旋转活塞，直至凡士林变均匀透明。为避免活塞在使用时变松或掉下来打碎，可在活塞小头套上小橡皮圈或缠上橡皮筋固定。

④ 查漏。关紧活塞，用水充满滴定管，放置在滴定管架上直立静置 1～2min，观察有无水渗出，然后将活塞旋转 180°，再在滴定管架上直立静置 1～2min，观察有无水渗出。若前后两次均无水渗出，活塞转动也灵活，即可洗净使用。如果渗水，则应重洗后重新进行涂凡士林操作。若活塞孔被凡士林堵塞，可将它插入热水中温热片刻，然后打开活塞，使管内的水突然流下，冲出软化的凡士林。最后，再用蒸馏水洗涤滴定管 3 次，备用。

⑤ 装液。滴定管在装标准溶液前，要先用待装标准溶液润湿整个滴定管 2～3 次。具体操作为：先关好活塞，倒入标准溶液，然后两手平托滴定管，边转边向管口倾斜，使溶液流遍全管。打开滴定管的活塞，使溶液从下端流出。

在装入标准溶液时，应由试剂瓶直接倒入滴定管中，不得借用其它容器，以免标准溶液的浓度改变或造成污染。

⑥ 赶气泡。装满标准溶液的滴定管应检查尖嘴部分有无气泡。如有气泡，将影响溶液体积的准确测量，必须排出。用右手拿住滴定管无刻度部分使其倾斜约 30°，左手迅速打开活塞，使溶液快速冲出，将气泡带走。

⑦ 读数并记录。滴定管读数前应注意尖上是否挂有水珠。若在滴定后挂有水珠，则不能准确读数。

将装满标准溶液的滴定管垂直地夹在滴定管架上。受附着力和内聚力的作用，滴定管内的液面呈弯月形。无色水溶液的弯月面比较清晰，而有色溶液的弯月面清晰程度较差。因此，读数一般应遵守下列原则：

首先，读数时滴定管应垂直放置，注入标准溶液或放出标准溶液后，需等待 1～2min 后才能读数。

其次，无色或浅色溶液，应读弯月面下面读数的最低点。因此，读数时视线应与弯月面下缘实线的最低点在同一水平面上。有色溶液，比如 $KMnO_4$、I_2 溶液等，视线应与液面两侧的最高点相切。

再次，滴定时最好每次从 0.00mL 开始，或从接近 "0" 的任一刻度开始，这样可以固定在滴定管某一段体积范围内滴定时所消耗的标准溶液，减少体积误差。

最后，读数必须准确至 0.01mL。

⑧ 滴定。使用滴定管时，应将其垂直地夹在滴定管架上。

使用酸式滴定管时，应用左手控制滴定管旋转活塞。左手从活塞细端握向活塞粗端，大拇指在前，食指、中指在后，手指略微弯曲，轻轻向手心用力扣住旋塞，手心空握，以免触碰活塞使其松动（图1-17）。右手握持锥形瓶，微动腕关节摇锥形瓶，向同一方向做圆周旋转。不能前后振动，否则会溅出溶液。实验时，边观察锥形瓶颜色边旋转活塞滴液，同时还要摇动锥形瓶。滴速

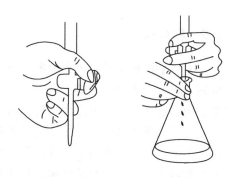

图1-17 酸式滴定管的滴定操作

先快后慢。快时，一般为$10mL \cdot min^{-1}$，即每秒3～4滴；锥形瓶颜色变化变慢时即快接近滴定终点时，应一滴一滴加入，最后是半滴半滴加入，控制液滴悬而不落就是半滴，然后用锥形瓶内壁碰一下，并用洗瓶吹入少量水冲洗锥形瓶内壁，使附着的溶液全部流下，然后摇动锥形瓶。如此持续滴定至准确到达滴定终点为止。记录消耗的体积。

⑨ 滴定结束对滴定管处理。滴定结束后，把滴定管中剩余的溶液倒掉（不能倒回原贮液瓶！），并用水洗净，然后用蒸馏水充满滴定管。滴定管垂直夹在滴定管架上，下嘴口距铁架台底座1～2cm，并用滴定管帽盖住管口。

（2）碱式滴定管的使用

碱式滴定管使用方法和酸式滴定管基本相同。

① 检查。检查乳胶管是否老化；里面的玻璃珠大小是否合适，玻璃珠大小不合适会导致漏水，这时需更换。

② 洗净。

③ 润湿。

④ 装液。

⑤ 赶气泡。查看尖嘴部分是否有气泡，有气泡时要赶气泡。碱式滴定管的赶气泡与酸式滴定管不同。碱式滴定管可把乳胶管向上弯曲45°，出口上斜，挤捏玻璃球，使溶液从尖嘴快速喷出，即可排出气泡（如图1-18）。

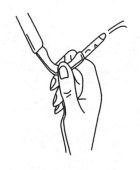

图1-18 碱式滴定管赶气泡

⑥ 读数并记录。尽可能调零刻度。

⑦ 滴定。碱式滴定管的放液速度需通过左手食指与中指挤捏力度调节。挤捏时要平捏玻璃珠，向与手心相反的方向挤出空隙，这样比较省力和方便。

2.5 称量仪器

实验室称量仪器主要是天平，曾经有托盘天平、半机械加码电光天平、全机械加码电光天平、单盘天平等。这些天平都是基于杠杆原理，属机械式天平。现代逐渐被基于电磁力平衡原理的电子天平所取代。

电子天平是利用电子装置完成电磁力补偿的调节，使物体在重力场中实现力的平衡，或通过电磁力矩的调节，使物体在重力场中实现力矩的平衡。电子天平最基本的功能是自动调零、自动参加校准、自动扣除空白和自动显示称量结果。

2.5.1 电子天平的种类

电子天平根据精密度分为四级：高精密电子天平（Ⅰ级）、精密电子天平（Ⅱ级）、商用天平（Ⅲ级）、普通天平（Ⅳ级）。具体可参阅 JJG 1036—2008《电子天平》国家计量规程。

2.5.2 电子天平使用

电子天平规格、种类、品牌较多，但其使用方法大同小异。一般按配套的《使用说明书》进行使用。

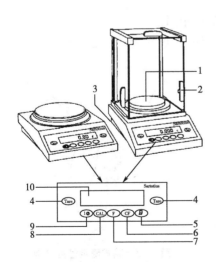

图 1-19　电子天平及其操作面板
1—称量盘；2—天平门；3—地脚螺栓；
4—去皮键；5—打印键；6—清除键；7—功能键；
8—调校键；9—电源开关键；10—显示屏

以赛多利斯（Sartorius）电子天平系列为例，说明其基本使用方法。如图 1-19，左边是中精度电子天平，精度为 0.01g；右边的则是高精度电子天平，精度为 0.1mg。电子天平使用步骤如下：

① 调水平。使用前观察水平仪是否水平（空气气泡应位于圆环中央），若不水平，需调整地脚螺栓高度。

② 开机。接通电源，按下电源开关键，直至全屏自显示 0.0000g。

③ 预热。电子天平在初次接通电源或长时间断电后，至少要预热 30min。

④ 校正。在显示器出现 0.0000g 时，要按下 "CAL" 键，将校正砝码

放到电子天平称量盘中间，电子天平自动开始校正过程。当屏幕显示校正砝码的质量值（g），且显示数值静止不动时，校正过程结束。实验室使用标准砝码 100.0000g，如显示数值在 99.9998~100.0002g，则电子天平校正合格，否则需要重新校正，直至合格。

⑤ 称量。根据不同的称量物和称量要求，选用不同的称量方法。通常分为直接称量法和减量法（差减法）。直接称量法常用于称取不易吸水、在空气中性质稳定的物质。减量法常用于称量粉末状或容易吸水、氧化、与 CO_2 反应的物质。

用直接称量法称量时，把烧杯或称量纸等称量器皿放在天平称量盘上，关上防风玻璃门，读数平稳后，去皮，电子天平显示"0.0000"。再打开侧防风玻璃门，通过轻轻敲药匙，从侧面逐渐往称量器皿中增加试样，使平衡点达到所需数值。关闭侧门，读数并记录。

减量法称样采用的称量器皿是称量瓶。使用称量瓶时，不能直接用手拿取，而是用洁净的纸条将其套住［图 1-20(a)］。称量时，先将装有试样的称量瓶放入电子天平上称重，记为 W_1（g）。然后取下称量瓶，放在容器上方，将称量瓶倾斜，用称量瓶盖轻敲瓶口上部，使试样

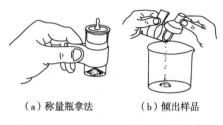

（a）称量瓶拿法　　（b）倾出样品

图 1-20　称量瓶的使用

慢慢落入容器中［图 1-20(b)］。当倾出的试样已接近所需要的重量时，慢慢将瓶竖起，再用称量瓶盖轻敲瓶口上部，使粘在瓶口的试样落回称量瓶中，然后盖好瓶盖。将称量瓶再放回称量盘，称重，记为 W_2（g）。如此可连续称多份试样。第一份试样量为 W_1-W_2（g）。

⑥ 关机：不用时按开关键至关机状态。

2.5.3　电子天平的使用注意事项

① 注意电子天平的称量范围，不准超载。

② 不准称量带磁性的物质。

③ 电子天平门要经常关闭，特别是在称量过程中。

④ 称量前要开机预热 0.5~1.0h。如一天中多次使用，则最好整天开机，这样能使电子天平的内部系统有一个恒定的操作温度，有利于维持称量准确度的恒定。称量前检查电子天平是否处于水平状态，检查电子天平是否处于零点。

⑤ 电子天平在使用前一般都应进行校准操作。

⑥ 称量时，被称物质放在称量盘中央。

⑦ 称量完毕要清洁称量盘及称量盘周围，然后切断电源，罩上防尘罩。

2.5.4 电子台秤称量操作

电子台秤的称量操作主要步骤有开机、预热、校准、称量和关机等五步。以精度为0.01g的电子台秤为例（如图1-21）。首先用毛刷清扫称量盘，然后接通电源，按下电源开关，预热5min。长期未用或移动位置的台秤要校准。按下"CAL"键松开，出现"CAL"字样，随后出现"100.0g"，即校准模式。将校准砝码放到称量盘上，注意轻拿轻放，以免损坏台秤。当台秤显示"100.0g"，取下砝码后显示"0.0g"，校准完毕。称量时可根据物质的状态、性质选择烧杯、表面皿、称量纸来盛放药剂。称量纸可

图 1-21　电子台秤

根据称样量的多少采用对角线对折、对角线十字对折或折成火柴盒状。称量纸或其它盛放容器放到电子台秤上要先按"TARE"键去皮，再用药匙取药品称量，轻敲药匙的侧面，使平衡点达到所需数值。记录数据后关机。

2.6　加热器具

在实验室中加热常用酒精灯、酒精喷灯、煤气灯、电炉、电热板、电热套、红外灯、白炽灯、马弗炉、管式炉、烘箱及恒温水浴等。

2.6.1　酒精灯

酒精灯的加热温度为400~500℃，适用于温度不需太高的实验。

酒精灯由灯帽、灯芯和灯壶三部分所组成。正常使用的酒精灯火焰应分为焰心、内焰和外焰三部分。外焰的温度最高，内焰次之，焰心温度最低（图1-22）。

（1）酒精灯的使用

① 检查灯芯并修剪。长时间未用的酒精灯，要先拿下灯帽，提起灯芯瓷套管，用洗耳球或嘴轻轻向灯内吹，用以赶走其

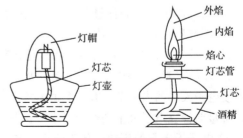

图 1-22　酒精灯结构及火焰

中聚集的酒精蒸气；再放下套管检查灯芯，灯芯不齐或烧焦时可用剪刀剪齐或把烧焦处剪掉。新购置的酒精灯应首先装配灯芯。灯芯通常用多股棉纱线拧在一起，插进灯芯瓷套管中。灯芯不要太短，一般浸入酒精后还要长4～5cm。

② 新或旧酒精灯都要添加酒精。用漏斗添加酒精至灯壶的 1/2～2/3 为宜。添加酒精时，酒精灯不可是点燃的酒精灯，一定要用灯帽盖灭后再添加，以防着火。放置很久的酒精灯要把里面残余的酒精倒掉再添加新酒精。

③ 灯芯浸酒精。新灯要先将灯芯管上端的灯芯拉长，放进酒精中浸泡，然后拉回，调好长度，再把下端插入灯壶中浸泡。全部浸泡好后才能用火柴点燃。未经酒精浸过的灯芯，一经点燃，就会烧焦。很久未用的酒精灯芯，也要浸泡酒精才能使用。

④ 用火柴点燃酒精灯。不可用燃着的酒精灯点燃酒精灯，否则酒精洒出将引起火灾。

⑤ 加热。加热时无特殊要求，一般用外焰来加热器具。被加热的器具必须放在支撑物（三脚架、铁环等）上或用坩埚钳、试管夹夹持（图1-23），决不可用手拿仪器加热。

⑥ 酒精灯不用时，用灯帽盖灭（不能用嘴吹灭），并盖上灯帽，以防酒精挥发。

（2）酒精灯使用注意事项

① 长时间使用或在石棉网下加热时，灯口会发热，为防止熄灭时冷的灯帽使酒精蒸气冷凝而导致灯口炸裂，熄灭后可暂将灯帽拿开，等灯口冷却以后再罩上。

图 1-23 酒精灯加热

② 酒精蒸气与空气混合气体的爆炸范围为 3.5%～20%，夏天无论是灯内还是酒精桶中都会自然形成酒精蒸气和空气的混合气体。因此，点燃酒精灯时必须注意这一点。使用酒精灯时必须注意补充酒精，以免界面上方酒精含量达到爆炸界限。

③ 燃着的酒精灯不能补添酒精，更不能用点着的酒精灯对点。

④ 酒精易溶于水，着火时可用水灭火。

2.6.2 酒精喷灯

酒精喷灯的火焰温度在 800℃ 左右，最高可达 1000℃，适用于温度高的实验。酒精喷灯的工作原理是先将酒精汽化，与空气混合后再燃烧，因此酒精在酒精喷灯中的燃烧速度快，单位时间发热量大，火焰温度高，而且火焰受气流影响小，温度恒定。通常每耗用酒精 200mL，可连续工作半小时左右。

实验室常用的酒精喷灯有座式和挂式两种。座式酒精喷灯（图1-24）主要由燃烧管、预热管、空气调节阀、预热盘、灯壶组成，预热管与燃烧管焊在一起，中间有一细管相通，使蒸发的酒精蒸气从喷嘴喷出，在燃烧管内燃烧。通过调节空气调节阀控制火焰的大小。挂式酒精喷灯如图1-25所示，与座式酒精喷灯的结构相似，只是酒精储罐取代了灯壶。

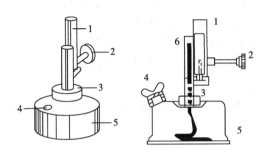

图1-24　座式酒精喷灯

1—燃烧管；2—空气调节阀；3—预热盘；
4—铜帽（旋塞）；5—灯壶；6—预热管

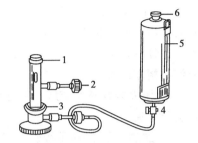

图1-25　挂式酒精喷灯

1—灯管；2—酒精蒸气调节器；3—预热盘
4—储罐开关；5—酒精储罐；6—盖子

（1）座式酒精喷灯的使用

① 添加酒精。往喷灯灯壶中加酒精，至灯壶总体积的2/5～4/5，拧紧旋塞，使之不漏气。新灯或长时间未使用的喷灯，点燃前须将灯体倒转三次，使灯芯浸透酒精。

② 检查燃烧管喷口。如发现堵塞，用通针或细钢针把喷口刺通。

③ 点燃。将喷灯放在石棉网或石棉板上，往预热盘中加入少量酒精，将其点燃。待预热管内酒精受热气化并从喷口喷出时，预热盘内燃着的火焰就会将喷出的酒精蒸气点燃。有时，喷灯也需要火柴点燃。

③ 移动空气调节器，使火焰稳定。

④ 熄灭喷灯。停止使用时，用石棉网盖在燃烧管口，同时移动空气调节器，加大空气量，灯焰即熄灭。用湿抹布盖在灯座上，使它降温。

⑤ 喷灯用完后应将剩余酒精倒出。

（2）座式酒精喷灯的使用注意事项

① 严禁使用开焊的喷灯。

② 严禁使用其它热源加热灯壶。

③ 经过两次预热仍不能点燃时，应暂时停止使用，检查接口处是否漏气（可用火柴点燃检验）、喷出口是否堵塞（可用探针疏通）、灯芯是否完好（灯芯烧焦、变细应更换），问题解决后方可使用。

④ 喷灯连续使用的时间以 30～40min 为宜，使用时间过长，将使灯壶的温度过高，导致灯壶内部的压强过大，喷灯就会有崩裂的危险。

⑤ 在使用中如发现灯壶底部突起，应立即停止使用，查找原因并处理。

（3）挂式酒精喷灯的使用

① 在灯壶中加入酒精灯总容量 1/2（约 400mL）的酒精，不可超过灯壶容积的 80%，并将其挂在高处。缓慢打开酒精灯壶下的开关，使少量酒精经橡胶管和喷出口流入预热盘中（或直接向预热盘中倒入少量酒精）。关闭灯壶开关，同时拧紧酒精蒸气调节器。然后把灯身倾斜 70°，使灯管内的灯芯沾湿，以免灯芯烧焦。

② 点燃预热盘里的酒精，待盘内酒精即将燃尽时，打开酒精蒸气调节器，这时酒精在灼热的灯管内气化，随即在灯管口燃烧。

③ 微微打开灯壶开关，控制酒精的供给量。不可使酒精成液柱喷出，否则喷出的酒精会着火而形成"火雨"，极易引起火灾。

④ 调节酒精蒸气调节器，使火焰稳定。

⑤ 停止使用时，关闭灯壶开关并拧紧酒精蒸气调节器，喷灯即熄灭。

（4）挂式酒精灯使用注意事项

① 在开启开关、点燃管口气体前必须充分灼热灯管，否则酒精不能全部气化，会有液态酒精由管口喷出，可能形成"火雨"（尤其是挂式喷灯），甚至引起火灾。

② 加入灯壶中的酒精不能有固体残液，以免堵塞灯壶开关和喷出口。

③ 不得将灯壶内酒精用尽，当剩余约 50mL 酒精时，应停止使用。

2.6.3 电加热器

根据需要，实验室有电热板、电加热套、管式炉、马弗炉和干燥箱等多种电加热器进行加热。管式炉和马弗炉都可以加热到 1000℃ 以上，并且适用于某一温度下长时间恒温。干燥箱可控制在 300℃ 以下的任一温度，可对仪器和样品进行烘干。

（1）电热板 电炉做成封闭式称为电热板。如图 1-26(a)。电热板加热是平面的，且升温较慢，多用作水浴、油浴的热源，也常用于加热烧杯、平底烧瓶、锥形瓶等平底容器。许多电磁搅拌附加可调电热板。

（2）电加热套 专为加热圆底容器而设计的电加热源 [图 1-26(b)]，特别适合作为蒸馏易燃物品的蒸馏热源。有适合不同规格烧瓶的电加热套，相当于一个均匀加热的空气浴，热效率最高。

（3）管式炉 高温下的气-固反应常用管式炉控温 [图 1-26(c)]。

（4）马弗炉 又叫箱式电炉 [图 1-26(d)]。高温电炉发热体（电阻丝），

900℃以下时可用镍铬丝；1300℃以下可用钼丝；1600℃以下可用碳化硅（硅碳棒）；1800℃以下可用铂锗合金丝；2100℃时则使用铱丝，也有用硅钼棒的。所有这些发热体，都是嵌入由耐火材料制成的炉膛内壁中。电炉需要大的电流，通常和变压器联用。根据发热体的种类选用合适的变压器。

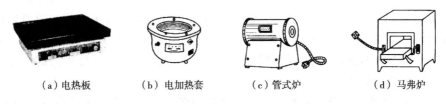

（a）电热板　　　（b）电加热套　　　（c）管式炉　　　（d）马弗炉

图 1-26　电加热器

（5）干燥箱　用于烘干玻璃仪器和固体试剂。工作温度从室温至设计最高温度。在此温度范围内可任意选择，有自动控温系统。箱内装有鼓风机，使箱内空气对流，温度均匀。工作室内设有两层网状隔板以放置被干燥物（图 1-27）。

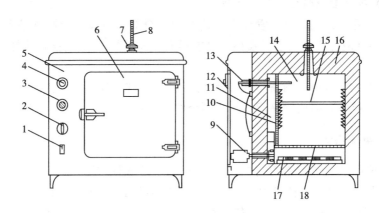

图 1-27　101 型电热鼓风干燥箱

1—鼓风开关；2—加热开关；3—指示灯；4—温度控制器旋钮；5—箱体；6—箱门；
7—排气阀；8—温度计；9—鼓风电动机；10—隔板支架；11—风道；12—侧门；
13—温度控制器；14—工作室；15—隔板；16—保温层；17—电热器；18—散热板

使用时要注意被干燥的仪器应洗净、沥干后再放入，且使口朝下，干燥箱（也作烘箱）底部放有搪瓷盘承接仪器上滴下的水，不让水滴到电热丝上；易燃易挥发物不能放进烘箱，以免发生爆炸；升温时应检查控温系统是否正常，一旦失效就可能造成箱内温度过高，导致水银温度计炸裂；升温时要关紧箱门。

（6）红外灯、白炽灯　加热乙醇、石油等低沸点液体时，可使用红外灯和白炽灯。使用时受热容器应正对灯面，中间留有空隙，再用玻璃布或铝箔将容器和灯泡松松包住，既保温又能防止冷水或其它液体溅到灯泡上，还能避免灯光刺激眼睛。

2.6.4　热浴装置

当被加热的物质需要受热均匀又不能超过一定温度时，可用特定热浴间接加热。

① 水浴　要求温度不超过 100℃时可用水浴加热。水浴有恒温水浴［图 1-28(a)］和不定温水浴［图 1-28(b)］。不定温水浴可用烧杯代替。

使用时要注意：水浴锅中的存水量应保持在总体积的 2/3 左右；受热玻璃器皿勿触及锅壁或锅底；水浴不能作油浴、沙浴用。

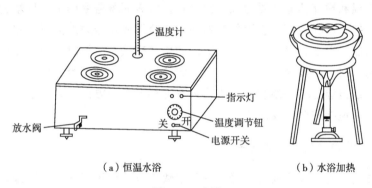

（a）恒温水浴　　　　　（b）水浴加热

图 1-28　水浴

② 油浴　油浴适用于 100～250℃的加热。油浴锅一般由生铁铸成，有时也用大烧杯代替。反应物的温度一般低于油浴液温度 20℃左右。常用作油浴液的有甘油、植物油、石蜡、硅油等。

a. 甘油　可加热到 140～150℃，温度过高时分解。

b. 植物油　如菜籽油、豆油、蓖麻油和花生油等。新加植物油加热到 220℃时，有一部分分解而冒烟，所以加热温度以不超过 200℃为宜。用久了可以加到 220℃。为对抗氧化，常加入 1% 的对苯二酚等抗氧化剂（温度过高会分解，达到闪点可能燃烧，所以使用时要小心）。

c. 石蜡　固体石蜡和液体石蜡均可加热到 200℃左右。温度再高，虽不易分解，但易着火燃烧。

d. 硅油　硅油在 250℃左右时仍较稳定，透明度好，但价格较贵。用硅油时要特别注意防火。当油受热冒烟时，要立即停止加热；油量要适量，不可过多，以免受热膨胀溢出；油锅外不能沾油；如遇油浴着火，要立即拆除热源，

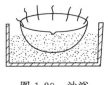

图 1-29 沙浴

用石棉布盖灭火焰，切勿用水浇。

③ 沙浴　80℃ 以上，400℃ 以下可用沙浴加热。沙浴一般在生铁铸成的平底铁盘上装入约一半的细沙。操作时可将烧瓶或其它器皿的欲加热部位埋入沙中进行加热。但由于沙子导热性差、升温慢，因此沙层不能太厚。沙中各部位温度也不尽相同，因此测量温度时，最好在受热器附近测量。

2.6.5　磁力加热搅拌器

为了加速样品溶解、沉淀或为某一反应提供适宜的反应条件，可借助于兼具加热控温和搅拌功能的磁力加热搅拌器。将表面覆盖聚四氟乙烯塑料的软铁做成的搅拌子放在装有反应液的容器内，该容器放在磁力加热搅拌器的可电加热控温的磁场盘上，盘下有一个电驱动的旋转磁铁。使用时，根据需要转动控温和调速旋钮，使搅拌子在容器内以一定速度转动，并使容器内的试液达到一定的温度或恒温于某一温度。该磁力加热搅拌器使用方便，尤其适用于需要长时间加热和搅拌的合成反应。

2.6.6　微波炉和超声波清洗器

微波是一种特殊形式的能量，它可以快速方便地用于加热和干燥，也可以大大加速一些化学反应的速率。

超声波清洗器在实验室中除了可用于清洗一些结构较为复杂的器具外，也可用来加快化学实验中某些化学反应的反应速率。这一过程基于超声波空化作用，即由高频振荡发生器产生高频信号，通过换能器转换为机械高频振动，再通过储存于箱体中的介质（如清洗液或水）的传递，使无数气泡在反应液中快速形成并迅速内爆，从而促使反应物相互碰撞而发生反应，直接加速某些反应的进行。

2.7　冷却

化学实验中，有一些反应在分离、提纯时要求在低温下进行，这就要选择合适的制冷技术。制冷技术通常有三种。

① 自然冷却　热的物质在空气中放置一段时间后会自然冷却至室温（用手摸感觉不烫手）。

② 吹风冷却　当实验需要快速冷却时，可用吹风机或鼓风机吹冷风冷却。

③ 水冷 最简便的冷却方法是将盛有被冷却物的容器放在冷水浴中。如果要求在低于室温下进行，可用水和碎冰的混合物作冷却剂，效果比单独用冰块要好，因为它能和容器更好地接触。如果水的存在不妨碍反应的进行，则可把碎冰直接投入反应物中，这能更有效地利用低温。

实验室中使用冰（雪）盐冷却剂时，应把盐研细，将冰用刨冰机刨成粗砂糖状，然后按一定比例均匀混合（见表1-13）。

表 1-13 溶剂和温度

溶剂种类	100g碎冰（或雪）中加入盐的质量/g	混合物能达到的最低温度/℃
NH₄Cl	25	−15
NaNO₃	50	−18
NaCl	33	−21
CaCl₂·6H₂O	100	−29
	143	−55

用干冰（固体二氧化碳）和乙醇、乙醚或丙酮的混合物，可以达到更低的温度（−80～−50℃），见表1-14。操作时，先将干冰放在浅木箱中用木槌打碎（注意戴防护手套，以免冻伤），装入杜瓦瓶中至2/3处，逐次加入少量溶剂，并用筷子很快搅拌成粥状。注意：一次加入溶剂过多时，干冰升华会把溶剂溅出。由于干冰易升华损失，必须随时加以补充。另外，干冰本身含有水分，加之空气中水的进入，因此溶剂使用一段时间后会变成黏结状而难以使用。

表 1-14 溶剂和温度

溶剂种类	制冷最低温度/℃
乙醇	−86
乙醚	−77
丙酮	−86

2.8 固体物质的提纯

在无机制备、提纯过程中，常用到溶解、蒸发（浓缩）、结晶（重结晶）、升华和凝华等基本操作。

2.8.1 蒸发

为了使溶质从溶液中析出，常采用加热的方法使溶液逐渐浓缩而析出晶体。蒸发通常是在蒸发皿中进行，蒸发皿表面积较大，有利于加速蒸发。加入蒸发皿中的液体的量不得超过其体积的 2/3，以防液体溅出。如果液体量较多，蒸发皿一次盛不下，可随水分的蒸发继续添加液体。注意不要使蒸发皿骤冷，以免炸裂。根据溶质的热稳定性，可选用不同的方式加热。若溶质的溶解度较大，应加热到溶液出现晶膜时停止加热；若溶质的溶解度较小，或高温时溶解度较大而室温时溶解度较小，则不必蒸发至液面出现晶膜就可以冷却。

2.8.2　结晶

晶体从溶液中析出的过程称为结晶。结晶是根据不同物质在同一溶剂中溶解度的差异而对含有杂质的化合物进行提纯的重要方法之一。结晶时要求溶质的浓度先达到饱和。通常采用两种方法使溶质的浓度达到饱和。一种是蒸发法，即通过蒸发、浓缩或汽化，减少一部分溶剂使溶液达到饱和状态而析出晶体的方法。这种方法一般适用于溶解度随温度变化不大的物质。另一种是冷却法，即通过降低温度使溶液冷却达到饱和状态而析出晶体的方法，此法主要用于溶解度随温度下降而明显减小的物质（如硝酸钾）。有时需将两种方法结合使用。

晶体颗粒的大小与结晶条件有关，如果溶质的溶解度小，溶液的浓度高，溶剂的蒸发速度快，溶液冷却快，析出的晶粒就细小。反之，就可得到较大的晶体颗粒。实际操作中，常根据需要，控制适宜的结晶条件，以得到大小合适的晶体颗粒。

若溶液发生过饱和现象，可以振荡容器，用玻璃棒搅动或轻轻摩擦器壁，或投入几粒小晶体（母晶）来促使晶体析出。

2.8.3　重结晶

当第一次得到的晶体纯度不符合要求时，可将所得的晶体溶于少量溶剂中，再进行蒸发（或冷却）、结晶、分离。如此反复操作称为重结晶。它仅适用于溶解度随温度上升而有显著增大的物质的提纯。有些物质纯化需要很多次结晶。

2.8.4　升华与凝华

物质从固态直接变成气态的过程叫作升华，从气态直接变成固态的过程叫作凝华。若易升华的物质中含有不挥发性物质，或分离挥发性明显不同的固体混合物时，可以用升华进行纯化。要经升华纯化的固体物质必须在低于其熔点的温度下具有高于 2665.6Pa（约 20mmHg）的蒸气压。升华可以在常压或减压下操作，也可以根据物质的性质在大气气氛或惰性气流中操作。

在制备实验时，一般较大量物质在实验室中的升华可在烧杯中进行。如碘的升华，可放在烧杯中进行，然后在烧杯上放一个通冷水的圆底烧瓶，使蒸气在烧瓶底部凝结成晶体，并附着在底部。

2.9　固-液分离

固体与液体的分离方法有三种：倾析法、过滤法、离心分离法。

2.9.1　倾析法

当沉淀的相对密度较大或晶体的颗粒大，静置后容易沉降到容器的底部时，可用倾析法将沉淀与溶液快速分离。

倾析法是待沉淀静置沉降后将上层清液用玻璃棒倾入另一容器中而使沉淀与溶液分离的过程。若要洗涤沉淀，只需将少量洗涤剂加入盛有沉淀的烧杯中，充分搅动，静置，然后倾析去掉上层溶液。如此反复两三遍，即可将沉淀洗净（图 1-30）。

（a）倾斜静置　　　（b）倾析分离

图 1-30　倾析法

2.9.2　过滤法

过滤法有常压过滤、减压过滤和热过滤。当溶液和沉淀的混合物通过过滤器时，沉淀就留在过滤器上，称滤饼；溶液则通过过滤器而进入接受容器中，所得溶液称滤液。

过滤时根据沉淀颗粒的大小、状态及溶液的性质选用合适的过滤器。尺寸太大会透过沉淀，太小易被沉淀堵住孔隙，使过滤难以进行。溶液温度高、黏度小，且在减压情况下，过滤速度快，否则速度慢。

（1）常压过滤

① 用滤纸过滤

a. 滤纸的选择。根据分析要求分为定量滤纸和定性滤纸两种。定量分析中，当需将滤纸连同沉淀一起灼烧后称质量时，就采用定量滤纸。无机定性实验中一般采用定性滤纸（见附录四）。滤纸按孔隙大小分为"快速""中速""慢速"三种；按直径大小分为 7cm、9cm、11cm 等若干种。应根据沉淀的性质选择滤纸的类型，细晶型沉淀用"慢速"滤纸，粗晶型沉淀用"中速"滤纸，胶状沉淀用"快速"滤纸。滤纸的大小由沉淀量的多少决定，一般沉淀的总体积不超过滤纸锥体高度的 1/3。滤纸的大小还应与漏斗的大小相适应，一般滤纸上沿应低于漏斗上沿 1cm。

b. 漏斗的选择。漏斗大多是玻璃质，但也有搪瓷的，通常分长颈和短颈两种。铜制的漏斗夹套叫热滤漏斗套。长颈漏斗颈长约 15～20cm；颈的直径一般为 3～5mm，颈口处磨成 45°，漏斗锥体角度一般 60°（图 1-31）。

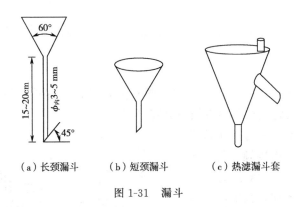

（a）长颈漏斗　　　（b）短颈漏斗　　　（c）热滤漏斗套

图 1-31　漏斗

普通漏斗按漏斗的斗径（深）区分，常用的有 30mm、40mm、60mm、100mm、120mm 等几种。

c. 滤纸的折叠（图 1-32）。滤纸一般对折再对折（先不折死），然后展开成圆锥体后，放入漏斗中。若滤纸圆锥体与漏斗无法紧密结合，可改变滤纸折叠的角度，直到与漏斗紧密结合为止（这时，可把滤纸折死）。滤纸应低于漏斗边缘 0.5～1cm。滤纸锥体一个半边为三层，另一半边为一层。为了使滤纸能紧贴漏斗，常在三层后的外层滤纸折角处撕去一小块，轻轻按住三层滤纸使之与漏斗紧密结合。用洗瓶加少量蒸馏水润湿滤纸，轻压滤纸赶走气泡，继续加蒸馏水至滤纸边缘。这时漏斗颈内全部充满水，形成水柱。液柱的重力可起抽滤作用，进而加快过滤速度。

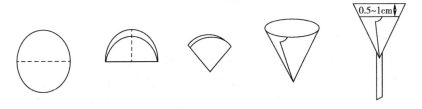

图 1-32　滤纸的折叠与安装

若未形成水柱（可能漏斗颈太粗），可用手指堵住漏斗下口，稍掀起滤纸的一边，用洗瓶向滤纸和漏斗的空隙处加水，使漏斗充满水，压紧滤纸边，慢慢松开堵住下口的手指，此时应形成水柱。如水柱仍不能保留，则可能滤纸与漏斗之间不密合。漏斗颈不干净也将影响形成水柱，这时应重新清洗。

　　将准备好的漏斗放在漏斗架上，漏斗下面放一承接滤液的洁净烧杯，其容积为滤液总量的5～10倍，并用表面皿斜盖之。漏斗颈长的一侧紧靠烧杯壁，使滤液沿烧杯壁流下。漏斗放置位置的高低以漏斗颈下口不接触滤液为准。

　　d. 过滤。首先，用倾析法把上层清液倾入滤纸中留下沉淀。先左手拿玻璃棒，将玻璃棒直立于漏斗中的三层滤纸的上方（尽可能靠近，但不要碰到滤纸）。右手持烧杯，将烧杯嘴紧靠玻璃棒，慢慢倾斜烧杯，将上层清液沿着玻璃棒倾入漏斗，漏斗中的液面至少要比滤纸边缘低5mm，以避免部分沉淀由于毛细现象越过滤纸上沿而损失［图1-33(a)(b)］。

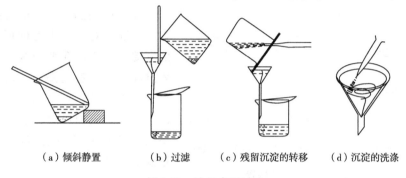

（a）倾斜静置　　　　（b）过滤　　　（c）残留沉淀的转移　　（d）沉淀的洗涤

图1-33　滤纸常压过滤

　　当倾析暂停时，要小心把烧杯扶正，玻璃棒不离烧杯嘴。直到最后一液滴流完后，将玻璃棒收回放入烧杯中（此时玻璃棒不要靠在烧杯嘴处，因为烧杯嘴处可能沾有少量的沉淀）。

　　如果沉淀需要洗涤，则用洗瓶沿烧杯内壁旋转着吹入一定量（15～30mL）的洗涤液至沉淀溶解并进行充分搅拌，待沉淀下沉后，再按上述方法滤去清液。如此反复洗涤、过滤。晶体沉淀一般洗涤两三遍，胶状沉淀需要洗涤五六次。

　　其次，把沉淀转移到滤纸上。先用少量洗涤液冲洗烧杯内壁和玻璃棒上附着的沉淀，再用玻璃棒把沉淀搅起，形成悬浮液，然后小心地转移到滤纸上。每次加入的悬浮液不得超过滤纸锥体高度的2/3。如此反复几次，尽可能地将沉淀转移到滤纸上。若烧杯中残留少量沉淀，可左手持烧杯倾斜在漏斗上方，烧杯嘴向着漏斗，同时用食指将玻璃棒横架在烧杯口上，玻璃棒的下端向着滤纸的三层处，然后用洗瓶吹出少量洗涤液冲洗烧杯内壁，此时沉淀连同溶液沿玻璃棒流入漏斗中［图1-33(c)］。

　　e. 洗涤。沉淀转移到滤纸上以后，仍需在滤纸上进行洗涤，以除去沉淀表面吸附的杂质和残留的母液。用洗瓶吹出的洗涤液，从滤纸边沿稍下部位置开始，按螺旋形向下移动，将沉淀集中到滤纸锥体的下部 [图 1-33(d)]。（注意洗涤剂不要直接冲到沉淀上，以免溅出沉淀。）

为了提高洗涤效率，要本着"少量多次"的洗涤原则，即每次使用少量的洗涤液，洗涤后尽量沥干，多洗几次。

晶形沉淀可用冷的稀沉淀剂洗涤，利用洗涤剂产生的同离子效应，可降低沉淀的溶解量；但若沉淀剂为不易挥发的物质，则只好用水或其它溶剂来洗涤；对非晶形沉淀，须用热的电解质溶液为洗涤剂，以防止产生胶溶现象，但多数采用易挥发的铵盐作洗涤剂；对溶解度较大的沉淀，可采用沉淀剂加有机溶剂来洗涤，以降低沉淀的溶解度。

② 用微孔玻璃漏斗（或坩埚）过滤 对于烘干后即可称量的沉淀，可用微孔玻璃漏斗或坩埚过滤。微孔玻璃漏斗和坩埚如图 1-34(a)、图 1-34(b)、图 1-34(c) 所示。此种过滤器皿的滤板是用玻璃粉末经高温熔结而成。按照微孔的孔径，由大到小分为六级：G1～G6（或称 1 号至 6 号）。1 号的孔径最大（80～

（a）微孔玻璃漏斗　（b）微孔玻璃坩埚　（c）抽滤装置

图 1-34　微孔抽滤装置

1200μm），6 号孔径最小（2μm 以下）。在定量分析中一般用 G3～G5 规格，其过滤速度相当于慢速滤纸过滤细晶型沉淀。使用此类滤器时，需用抽气法过滤。不能用微孔玻璃漏斗和坩埚过滤强碱性溶液，会损坏漏斗或坩埚的微孔。

③ 用纤维棉过滤 过滤一些浓的强酸、强碱和强氧化性溶液时不能用滤纸，因为溶液会和滤纸发生反应而破坏滤纸，可用石棉纤维来代替，但此法不适用于分析或滤液需要保留的情况。

（2）减压过滤 减压过滤也称吸滤或抽滤，其装置如图 1-35。利用水泵中急速的水流不断把空气带走，使抽滤瓶内的压力减少，布氏漏斗内的液面与抽滤瓶之间形成压力差，从而提高了过滤速度。

在连接水泵的橡胶管和抽滤瓶之间往往要安装一个安全瓶，以防因关闭水泵后流速改变引起水倒吸进入抽滤瓶而将滤液污染或稀释。也正因为如此，在停止过滤

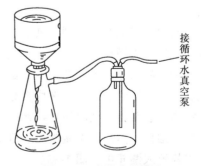

接循环水真空泵

图 1-35　减压过滤装置

时，应先将与抽滤瓶相连的橡胶管拔掉，然后再关闭自来水龙头或水泵，以防止自来水（或水）倒吸入抽滤瓶内。安装时，要注意将布氏漏斗的下端斜口正对抽滤瓶的侧管，橡皮塞与瓶口间必须紧密不漏气，抽滤瓶的侧口与安全瓶相连，安全瓶与水泵侧管（或循环水真空泵）相连。

进行抽滤操作时需按下述步骤进行：

a. 把滤纸放入布氏漏斗，滤纸要比布氏漏斗内径略小，但必须能全部盖住漏斗的瓷孔。

b. 用同一溶剂将滤纸润湿后，把布氏漏斗装入抽滤瓶，旋紧，注意布氏漏斗下端斜口正对抽滤瓶的侧管。打开水龙头或水泵稍微抽吸一下，使滤纸紧贴漏斗的底部。

c. 用玻璃棒导流，将待过滤的沉淀上方清液向布氏漏斗内转移，注意溶液的量不要超过漏斗容积的 2/3。打开水龙头或水泵，等布氏漏斗里的溶液抽干后，再继续用玻璃棒将烧杯中待抽滤的沉淀转移至布氏漏斗，继续抽滤，直至将沉淀抽干。

d. 滤毕，先拔掉抽滤瓶口的橡胶管，再关水龙头和水泵，用玻璃棒轻轻掀起滤纸边缘，取出滤纸和沉淀。滤液由吸滤瓶上口倾出，注意抽滤口朝手心，以防溶液从抽滤口漏出，更不可将滤液从抽滤口倒出，以防污染真空泵。

沉淀需要洗涤时应关小水龙头或暂停抽滤，加入洗涤剂使其与沉淀充分接触后，再开大水龙头或打开水泵将沉淀抽干。若沉淀需洗涤多次，则重复以上操作，直至达到要求为止。

（3）热过滤 若溶液在温度降低时易结晶析出，可用热滤漏斗进行过滤。过滤时把玻璃漏斗放在铜质热滤漏斗内，热滤漏斗中装有热水以维持溶液的温度。也可事先将玻璃漏斗放在水浴上用蒸汽预热，再使用。

2.9.3 离心分离法

当沉淀量很少时，采用一般的方法过滤后，沉淀会粘附在滤纸上，难以取下，这时可以用离心机使沉淀沉降（图 1-36）。其操作简单且分离迅速。

（1）离心分离步骤及注意事项

① 把盛有沉淀和溶液的离心管对称放入离心机的套管内。若是有单个离心管内的沉淀要分离，则可取一支空离心管装同等质量的水，再把两离心管放入对称的离心机套管内，以保持转动平衡，否则易损坏离心机的轴。

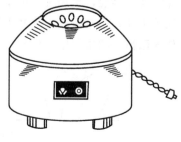

图 1-36 离心机

② 打开旋钮，逐渐旋转变阻器，使离心机转速由小变大。数分钟后慢慢恢复变阻器到原来的位置，使其自行停止。

③ 离心时间和转速由沉淀的性质来决定。对于结晶形的紧密沉淀，转速为 $1000r \cdot min^{-1}$，$1 \sim 2min$ 后即可停止。而无定形的疏松沉淀，离心时间要长些，转速可提高到 $1000r \cdot min^{-1}$。如经 $3 \sim 4min$ 后仍不能使其分离，则应设法（如加入电解质或加热等）促使沉淀沉降，然后再进行离心沉降。

（2）离心分离后，沉淀和溶液进行分离的操作步骤

① 溶液的转移　离心沉降后，用吸管把清液与沉淀分开。其方法是，先用手指捏紧吸管上的橡胶头，排除空气，然后将吸管轻轻插入清液（切勿在插入溶液后再捏橡胶头），慢慢放松橡胶头，溶液则缓慢进入管中。随试管中溶液的减少，将吸管逐渐下移到全部溶液吸入吸管内为止［图 1-37(a)］。吸管尖端接近沉淀时要特别小心，勿使其触及沉淀。沉淀表面少量的溶液用去掉橡胶头的毛细管吸更为合适，如图 1-37(b)。其借助于毛细管作用将溶液吸入毛细管

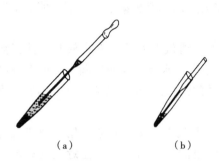

（a）　　　　　（b）

图 1-37　离心分离后沉淀和溶液的分离

中。要注意毛细管尖端与沉淀表面的距离不小于1mm。

② 沉淀的洗涤　如果要将沉淀溶解后再做鉴定，必须在溶解之前，将沉淀洗涤干净。常用的洗涤剂是蒸馏水。通常滴加 $2 \sim 3$ 倍于沉淀体积的洗涤剂，使其沿离心管内壁周围流下，用搅拌棒充分搅拌，离心分离，清液用吸管吸出。一般洗涤 $2 \sim 3$ 次。第一次洗涤后的溶液可并入离心液中，其它的可丢弃。

2.9.4　沉淀的包裹、烘干、炭化、灼烧及恒重

（1）沉淀的包裹　晶形沉淀一般体积较小，可按图 1-38 所示，用清洁的玻璃棒将滤纸挑起，再用洗净的手将带沉淀的滤纸取出；对折成半圆形，自右边半径的 1/3 处向左折叠，再从上端向下折，然后自右向左卷成小卷；最后将滤纸放入已恒重的坩埚中，包卷层数较多的一面应朝上，以便于炭化和灰化。

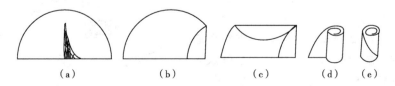

（a）　　　　　（b）　　　　　（c）　　　　　（d）　　（e）

图 1-38　包裹沉淀方法之一

对于胶状沉淀，体积较大，不宜用上述方法卷。可用玻璃棒将滤纸边挑起，沿周边尽量向对面折叠，将沉淀全部盖住。然后，再转移到已恒重的坩埚中，仍使滤纸较厚的部分向上。

（2）沉淀的烘干和滤纸的炭化　将放有沉淀的坩埚按图 1-39 方法放置在泥三角上。坩埚口朝向泥三角的顶角，把坩埚盖斜依在坩埚口的中部。先用煤气灯小火焰扫动加热，使坩埚均匀而缓慢地受热，避免坩埚聚热破裂。然后将煤气灯移至图 1-39(a) 处，利用热空气将滤纸和沉淀烘干。

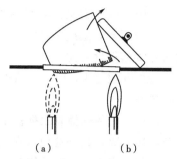

图 1-39　滤纸的烘干和炭化

待滤纸和沉淀烘干后，将煤气灯移至图 1-39(b) 处稍增大火焰，使滤纸炭化。在炭化时，滤纸不应着火，以免沉淀微粒扬出。万一着火，应立即移去灯火，盖好坩埚盖，让火焰自行熄灭，切勿用嘴吹灭。

滤纸完全炭化后，可加大煤气火焰继续加热，使滤纸灰化。灰化也可以在高温电炉内进行。

（3）沉淀的灼烧　滤纸炭化或灰化后，将坩埚直立，盖好坩埚盖（留有缝隙），移入洁净的高温电炉内灼烧至恒重。

灼烧时要逐渐升温，至所需温度时，第一次灼烧约保持 30～45min，第二次灼烧 15～20min。每次灼烧完毕，待高温电炉降温后从炉内取出，放在洁净的素烧磁板上，再在空气中稍冷，才能移入保干器中。沉淀冷却至室温后，称重；再灼烧，冷却，称重，直至恒重。

2.10　液体物质的提纯

液体物质的提纯除了可以通过上述方法得到滤液外，还有三种常用的方法：萃取、蒸馏、离子交换分离。

2.10.1　萃取

无机盐易溶于水，形成水合离子，这种性质叫亲水性。如果要将金属离子由水相转移至有机相中，必须设法将其由亲水性转化为疏水性。只有中和金属离子的电荷，并且用疏水基团取代水合金属离子的水分子，才能使水相中的金属离子转移到有机相中。这个过程叫作萃取。

萃取是利用物质在不同溶剂中溶解度的差异使其分离的。其过程为某物质从其溶解或悬浮的相中转移到另一相中。

一种物质在互不相溶的两种溶剂 A 与 B 间的分配情况，由分配定律决定：

$$\frac{c_A}{c_B} = K$$

式中，c_A 为物质在溶剂 A 中的浓度；c_B 为同一物质在溶剂 B 中的浓度；K 为分配系数，温度一定时，K 为常数，近似地等于同一物质在溶剂 A 与溶剂 B 中的溶解度之比。

根据分配定律，将一定量的萃取液分几次萃取比用等体积的萃取液一次性萃取要好。

萃取溶剂的选择要根据被萃取的物质在此溶剂中的溶解度而定，同时要易于与溶质分离，最好选用低沸点的溶剂。一般水溶性较差的物质通常用石油醚作萃取剂；水溶性较好的用苯或乙醚；水溶性极好的用乙酸乙酯。应用有机溶剂时应注意安全，不要接触明火。

稀酸或稀碱的水溶液也常用作萃取剂洗涤有机物。一般有 5% 氢氧化钠溶液，5% 或 10% 碳酸钠溶液、碳酸氢钠溶液、稀硫酸、稀盐酸等。

对于金属离子也可以用配位剂当作萃取剂，通过反应生成螯合物、配合物、离子缔合物、溶剂化合物，由亲水性转化为疏水性，来实现无机离子由水相向有机相的转移。

液-液萃取分离法利用与水不相溶的有机相与含有多种金属离子的水溶液在一起振荡，使某些金属离子由亲水性转化为疏水性，同时转移到有机相中，而另一些金属离子仍留在水相中，以达到分离的目的。

萃取是用分液漏斗来进行的。常用的分液漏斗见图 1-40。根据萃取相的密度或体积选用容量合适、形状适宜的漏斗。选择的漏斗应使加入液体的总体积不超过其容量的 3/4。漏斗越细长，振荡后两相分层的时间越长，分离得越彻底，同时两相分层有一定厚度，便于分离操作。

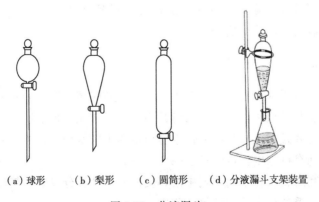

    （a）球形   （b）梨形   （c）圆筒形   （d）分液漏斗支架装置

图 1-40　分液漏斗

（1）分液漏斗的使用

① 检查玻璃塞和旋塞是否与分液漏斗配套。分液漏斗中装少量水，检查旋塞处是否漏水。然后将漏斗倒转过来，检查玻璃塞是否漏水。待确认不漏水后方可使用。

② 在旋塞上薄薄地涂上一层凡士林，将旋塞塞进旋塞槽内，旋转数圈使凡士林均匀分布后将旋塞关闭好，再在旋塞的凹槽处套上一个直径合适的橡胶圈，以防旋塞在操作过程中松动。

③ 分液漏斗全部液体的总体积不得超过其容量的3/4。盛有液体的分液漏斗应正确地放在支架上。

（2）萃取操作方法

① 如图 1-40(d) 装置，在分液漏斗中加入溶液和一定量的萃取溶剂后，塞上玻璃塞。

② 用左手握住漏斗上端颈部，将其从支架上取下，用左手食指末节顶住玻璃塞，再用大拇指和中指夹住漏斗上端颈部；右手食指和中指蜷握在旋塞柄上，食指和拇指要握旋塞柄并能将其自由地旋转，如图 1-41(a) 所示。

③ 将漏斗由外向里或由里向外旋转振摇 3～5 次，使两种不相混溶的液体尽可能充分混合，或反复将漏斗倒转进行缓和地振摇。

④ 将漏斗倒置，使漏斗下颈导管向上，不要对着自己和他人。慢慢开启旋塞，排放可能产生的气体以解除超压 ［图 1-41(b)］。待压力减小后，关闭旋塞。振摇和放气应重复几次。振摇完毕，将漏斗如图 1-40(d) 放置。

（a）振荡　　　　　（b）解除漏斗内超压

图 1-41　分液漏斗萃取操作

1—旋塞；2—玻璃塞

⑤ 待两相液体分层明显，界面清晰，移开玻璃塞或旋转侧槽的玻璃塞，使侧槽对准上口径的小孔。开启旋塞，放出下层液体，收集在适当的容器中。当下层液体接近放完时放慢速度，一旦放完要迅速关闭旋塞。

⑥ 取下漏斗，打开玻璃塞，将上层液体由上端口倒出，收集到指定容器中。

⑦ 假如一次萃取不能满足分离要求，可采取多次萃取的方法，但一般不超过 5 次，将每次的有机相都归并到一个容器中。

2.10.2　蒸馏

蒸馏是液体物质最重要的分离和纯化方法。液体在一定温度下具有一定的蒸气压。一般来说，液体的蒸气压随温度的增加而增加，直至到达沸点，这时有大量气泡从液体中逸出，即液体沸腾。

蒸馏的方法就是利用液体的这一性质将液体加热至沸使其变成蒸气，再使蒸气通过冷却装置冷凝并将冷凝液收集在另一容器中。由于低沸点物质易挥发，高沸点物质难挥发，固体物质更难挥发，甚至可粗略地认为大多数固体物质不挥发。因此蒸馏就能将沸点相差较大的两种或两种以上物质分离，达到纯化目的。也可以把易挥发和不易挥发的物质分开，达到纯化的目的。

蒸馏有普通蒸馏、减压蒸馏、水蒸气蒸馏、分馏。减压蒸馏与普通蒸馏区别在于增加了一个真空泵减压系统，使得液体在低温下沸腾，而不致分解、氧化。水蒸气蒸馏则是将水加入不溶或难溶于热水的有机物中进行加热或直接通水蒸气，使其达到沸腾，此时混合物沸点比其中沸点最低的组分的沸点还低，有利于在正常沸点时易分解、变质、变色、变臭的挥发性液体或固体有机物的纯化。分馏则是在普通蒸馏中引入了分馏柱，将沸点相近的互溶液体化合物分离和纯化。本书只介绍普通蒸馏，其它蒸馏在后续课程中会介绍。

（1）蒸馏装置　实验室蒸馏装置仪器主要包括三个部分：蒸馏烧瓶、冷凝管、接受器。

蒸馏烧瓶的作用是提供液体汽化的场所。汽化的蒸气经支管或蒸馏头的侧管馏出，引入冷凝管。蒸馏烧瓶的大小应根据所蒸馏的液体体积决定，通常所蒸馏的体积不应超过烧瓶容积的2/3，也不应少于其1/3。

由烧瓶中馏出的蒸气在冷凝管处冷凝。液体的沸点高于130℃时用空气冷凝管，低于130℃时用直形水冷凝管。为确保所需馏分的纯度，不应采用球形冷凝管，因为球的凹部会存有馏出液，使不同组分的分离变得困难。

接受器用来收集冷凝后的液体，常用的是锥形瓶。接受器必须洗净后先称重，以便于计量。收集多个馏分必须用多个接受器接收。

另外，根据蒸馏液体性质（如沸点高低、热源性质）必须正确选择热源，这对蒸馏的效果和安全都有着重要的关系。

（2）装配方法

① 准备好所用的全部仪器、设备　根据液体沸点，选好热源；根据液体体积选好蒸馏瓶和接受器。尽可能使用标准磨口组合玻璃仪器（标准磨口的规格见2.2.1表1-12）。若使用非磨口玻璃仪器，则要选好三个大小合适的塞子：一个装配有温度计并适合蒸馏瓶口；一个适合冷凝管上端口并且能套在蒸馏瓶侧支管口，而且侧支管口要伸出塞子2~3cm；一个要适合接液管上口（扩大端管口），钻孔后套在冷凝器的下口管上，管口应伸出塞子2~3cm。如果是水冷凝管，需将其进、出水口处分别套上橡胶管。

② 组装仪器　如图1-42，从左到右装好装置。先用铁三脚架、升降台或

铁圈定下热源的高度或位置。通过铁夹夹住蒸馏瓶的瓶颈，固定在合适的位置上。再在蒸馏瓶颈口套上蒸馏头，并将配有温度计的温度计套管插在蒸馏头上，调节温度计的位置，使水银球的上沿恰好位于蒸馏头侧管口下沿所在水平线上（图1-42）。然后，用另一铁架台，通过双爪夹固定冷凝管中部，注意双爪夹夹冷凝管时不要夹得太紧，接好进水、出水管。松开双爪，将冷凝管位置与蒸馏瓶连接好，尽量保持在同一直线上，再旋紧双爪。最后将冷凝管与接液管、接受器装上。注意接液管应放进接受器中，不得悬在接受器上方。注意整套装置必须与大气相通！

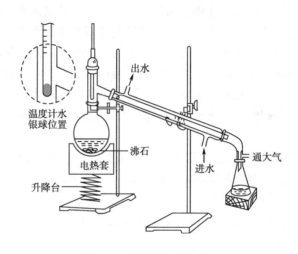

图1-42 标准磨口蒸馏装置

③ 注意事项：

a. 标准磨口塞应保持清洁，使用前宜用软布揩拭干净。

b. 使用前应在磨口塞表面涂以少量真空脂或凡士林，以增强磨砂接口的密合性。

c. 要注意避免磨面的相互磨损，同时也应便于接口的装、拆。

d. 装配时，把磨口和旋塞轻微地对旋连接以达到润滑密闭的要求。

e. 用完后应即时拆卸、洗净，以免对接处粘牢而使拆卸困难。

（3）蒸馏操作

① 仪器组装好以后，用长颈漏斗把要蒸馏的液体倒入蒸馏烧瓶中。漏斗颈须能伸到蒸馏烧瓶的支管下面。若用短颈漏斗或用玻璃棒转移液体，应注意必须确保液体沿着支管口对面的瓶颈壁慢慢加入，不能让液体流入支管。若液体中有干燥剂或其它固体物质，应在漏斗上放滤纸或一小团松软的脱脂棉、玻璃棉等，以滤除固体。

② 在蒸馏烧瓶中投入 2～3 粒沸石以防止液体暴沸。沸石可用未上釉的瓷片敲成米粒大小的碎片制得。也可向蒸馏烧瓶里放入毛细管，毛细管的一端封闭，开口的一端朝下，其长度应足以使其上端能贴靠在烧瓶的颈部而不要横在液体中。

③ 加热前，应认真地将装置再检查一遍，装置装配严密并且气密性好方可加热。若用的是水冷凝器，在检查后，应先通上冷却水，然后再加热。

④ 开始加热时，加热速度可稍快些，待接近沸腾时，应密切注意烧瓶中所发生的现象和温度计读数的变化。当溶液加热至沸点时，毛细管和沸石均能逸出许多细小的气泡，成为液体分子的汽化中心。在持续沸腾时，沸石和毛细管都有效，但是一旦停止加热，刚用过的这些沸石或毛细管就失效了，因而要换新的沸石或毛细管。若忘记加沸石或毛细管，要停止加热，待液体冷却后再加入沸石或毛细管。在沸腾平稳进行时，冷凝的蒸气环由瓶颈逐渐上升到温度计的周围，温度计中的水银柱迅速上升，冷凝的液体不断由温度计水银球下端滴回液面。这时应调整火焰大小或热浴温度，使冷凝管末端流出液体的速度为每秒 1～2 滴。

⑤ 第一滴馏出液滴入接受器时，要记录此时的温度计读数。当温度计读数稳定时，另换接受器收集馏出液，记录每一个接受器内馏分的温度范围和质量。馏分的温度范围越小，纯度越高。

烧瓶中残留少量（0.5～1mL）液体时，应停止蒸馏。

⑥ 注意事项：

a. 在蒸馏全过程中，温度计水银球下端应始终附有冷凝的液滴，确保气液两相平衡。

b. 蒸馏低沸点易燃液体（如乙醚）时，不得用明火加热，附近也不能有明火，最好的办法是用预先热好的水浴。为保持水浴温度，可不时地往水浴中添加热水。

c. 蒸馏完毕，应先停止加热，后停通冷却水。再按照与安装装置相反的顺序拆卸仪器。

2.10.3　离子交换分离

离子交换分离法是利用离子交换剂与溶液中的离子发生交换反应而实现分离的方法。离子交换剂的种类很多，主要分为无机离子交换剂和有机离子交换剂。后者又称离子交换树脂。

离子交换树脂是具有可交换离子的有机高分子化合物。它分为阳离子交换树脂和阴离子交换树脂，分别能与溶液中的阳离子和阴离子发生交换反应。例如，磺酸型阳离子交换树脂（R—$SO_3^-H^+$）和阴离子交换树脂（R—

$NH_3^+ OH^-$），就分别具有与阳离子交换的 H^+ 和与阴离子交换的 OH^-。当天然水流经这些树脂时，其中阳离子 Na^+、Mg^{2+} 和 Ca^{2+} 等就与 H^+ 发生交换反应（正向交换）：

$$R—SO_3H + Na^+ \longrightarrow R—SO_3Na + H^+$$

阴离子 Cl^-、HCO_3^-、SO_4^{2-} 等与 OH^- 交换（正向交换）：

$$R—NH_3OH + Cl^- \longrightarrow R—NH_3Cl + OH^-$$

在水中　　　　　　　　$$H^+ + OH^- \longrightarrow H_2O$$

经过多次交换，最后得到含离子很少的水，常称为去离子水。

同其它离子交换反应一样，上述这些离子交换反应都是可逆的，故若用酸或碱浸泡使用过的离子交换树脂，就可以使其"再生"继续使用（反向交换）。

离子萃取和离子交换法的最重要应用就是能成功有效地分离那些性质极其相近的元素，如稀土元素、锆与铪、铌与钽等。

离子交换分离的步骤包括装柱、离子交换、洗脱与分离、树脂再生。具体步骤参见实验 5 离子交换法净化水。

2.11　酸度计

酸度计也称 pH 计或离子计，是一种用来准确测定溶液中某离子活度的仪器。它由测量电极、参比电极和精密电位计组成。当测量电极采用氢离子选择电极时可测定水溶液 pH；若测量电极采用其它的离子选择性电极，则还可测量溶液中相应离子的浓度（实为活度）。

氢离子选择电极一般为玻璃电极（图 1-43），其下端是一薄玻璃球泡，由特殊的敏感玻璃膜构成。内置 $0.1\,mol \cdot L^{-1}$ 盐酸和氯化银电极（使用时必须浸泡在酸或酸碱缓冲溶液中活化 24h 以上）。薄玻璃膜对氢离子非常敏感，当它浸入被测溶液内，被测溶液的氢离子与电极玻璃球泡表面水化层进行离子交换，玻璃球泡内层也同样产生电极电势。由于内层氢离子浓度不变，而外层氢离子浓度在变化，因此

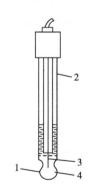

图 1-43　玻璃电极
1—玻璃薄膜；2—玻璃外壳；
3—Ag/AgCl 参比电极；4—含 Cl^- 的缓冲液

内外层的电势差也在变化，所以该电极电势随待测溶液的 pH 不同而改变。

$$E_{玻} = E_{玻}^{\ominus} + 0.0591\lg[H^+] = E_{玻}^{\ominus} - 0.0591pH$$

使用时，将此玻璃电极与一外参比电极组成两电极系统，浸入待测溶液

中，再测量两电极间的电位差。在 25℃时

$$E = E_+ - E_- = E_{甘汞} - E_{玻} = 0.241 - E_{玻}^{\ominus} + 0.0591\text{pH}$$

整理上式得：

$$\text{pH} = \frac{E + E_{玻}^{\ominus} - 0.241}{0.0591}$$

可以用一个已知 pH 的缓冲溶液代替待测溶液而求得。

酸度计的主体是精密电位计，用来测量电池电动势。然后通过上式计算便可得到对应的 pH。为了减少麻烦，酸度计把测得的电动势直接用 pH 刻度值表示出来。因而酸度计上可以直接读出溶液的 pH。

目前广泛使用的测 pH 的复合电极是由玻璃电极与 Ag/AgCl 外参比电极组合起来的。它结构紧凑，比两支分离的电极用起来方便，还不容易碎。在第一次使用或长期停用后再次使用前应在 $3\text{mol} \cdot \text{L}^{-1}\text{KCl}$ 溶液中浸泡 24h 以上，使其活化。平时可在 $3\text{mol} \cdot \text{L}^{-1}\text{KCl}$ 溶液中浸泡保存。

pHS-2 型酸度计示意图见图 1-44。

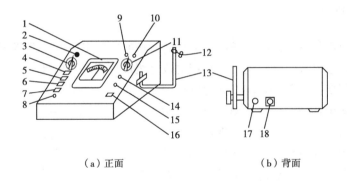

（a）正面　　　　　　　　　　　（b）背面

图 1-44　pHS-2 型酸度计

1—指示表；2—指示灯；3—温度补偿器；4—电源按键；5—pH 按键；

6—+mV 按键；7—-mV 按键；8—零点调节器；9—饱和甘汞电极接线柱；

10—玻璃电极插口；11—pH 分挡开关；12—电极夹子；13—电极杆；14—校正调节器；

15—定位调节器；16—读数开关；17—保险丝；18—电源插座

pHS-3C 型酸度计示意图如图 1-45。

不同类型的酸度计使用方法大同小异。

下面介绍 pHS-3C 的使用方法：

① 安装电极架和电极　将多功能电极架插入电极架插座中，把 pH 复合电极安装在电极架另一端，拔下电极下端的电极保护套，并且拉下电极上端的橡胶套使其露出上端小孔，再用蒸馏水清洗电极，用滤纸吸干电极底部的水。

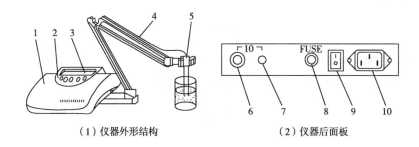

（1）仪器外形结构　　　　　　（2）仪器后面板

图 1-45　pHS-3C 型酸度计

1—机箱；2—键盘（从左到右分别为确认、温度、斜率、定位、pH/mV 键）；

3—显示屏；4—多功能电极架；5—电极；6—测量电极插座；7—参比电极插口；

8—保险丝；9—电源开关；10—电源插座

② 开机　将电源线插入电源插座，按下电源开关。电源接通后，预热 30min，进行校正。

③ 校正　按"pH/mV"键使 pH 指示灯亮，即进入 pH 测量状态；按"温度"键设定溶液温度，再按"确认"键。将清洗过的电极插入 pH＝6.86 标准缓冲溶液中，待读数稳定后，按"定位"键，使仪器显示读数与该缓冲溶液在此温度下的 pH 一致，然后按"确认"键。用蒸馏水清洗电极，并用滤纸吸干存留在电极下端的水，再将其插入 pH 为 4.00 或 9.18 的标准缓冲溶液中，待读数稳定后，按"斜率"键使仪器显示读数为该缓冲溶液在此温度下的 pH，然后按"确认"键。仪器的校正到此完成，可进行 pH 的测量。值得注意的是，校正好后仪器的"定位"及"斜率"键不应再按。若不小心触动了这些键，则不要按"确认"键，而是按"pH/mV"键使仪器重新进入 pH 测量，这样就不需要再进行校正。一般情况下，每天校正一次即可。

④ 测量溶液的 pH　用蒸馏水清洗电极，用滤纸吸干或用待测溶液洗一次，将电极浸入被测溶液中，摇动烧杯，使溶液均匀。然后让溶液静置，待读数稳定后读出溶液的 pH。若被测溶液与用于校正的溶液的温度不同，则先按"温度"键使仪器显示被测溶液的温度，再按"确认"键，最后进行 pH 测量。

⑤ 还原仪器　测定完毕，关闭电源，洗净电极并套上电极保护套（内盛 3mol·L^{-1}KCl 溶液），盖上防尘罩并进行仪器使用情况登记。

2.12　电导率仪

2.12.1　基本原理

导体导电能力的大小，通常用电阻（R）或电导（G）表示。电导是电阻的倒数，关系式为：

$$G = \frac{1}{R} \tag{1}$$

电阻的单位是欧姆（Ω），电导的单位是西门子（S）。

导体的电阻与导体的长度 l 成正比，与截面积 A 成反比：

$$R \propto \frac{l}{A}$$

或

$$R = \rho \frac{l}{A} \tag{2}$$

式中，ρ 为电阻率，表示长度为 1cm、截面积为 1cm² 时的电阻，单位为 $\Omega \cdot cm$。

和金属导体一样，电解质水溶液体系也符合欧姆定律。当温度一定时，两极间溶液的电阻与两极间距离 l 成正比，与电极面积 A 成反比。对于电解质水溶液体系，常用电导和电导率来表示其导电能力。

$$G = \frac{1}{\rho} \times \frac{A}{l} \tag{3}$$

令

$$\frac{1}{\rho} = \kappa$$

则

$$G = \kappa \frac{A}{l} \tag{4}$$

κ 是电阻率的倒数，称电导率。它表示在相距 1cm、面积为 1cm² 的两极之间溶液的电导，其单位为 $S \cdot cm^{-1}$。

在电导池中，电极距离和截面积是一定的，所以对某一电极来说，$\frac{l}{A}$ 是常数，称为电极常数或电导池常数。

令

$$K = \frac{l}{A}$$

则

$$G = \kappa \frac{1}{K} \tag{5}$$

即

$$\kappa = KG \tag{6}$$

不同的电极，其电极常数 K 不同，因此测出同一溶液的电导 G 也不同。通过式（6）换算成电导率 κ，由于 κ 的值与电极本身无关，因此用电导率可以比较溶液电导的大小。而电解质水溶液导电能力的大小正比于溶液中电解质含量，因此通过对电解质水溶液电导率的测量可以测定水溶液中电解质的含量。

2. 12. 2　电导率仪的使用方法

DDS-11A 型电导率仪是常用的电导率测量仪器。它除能测量一般液体的电导率外，还能测量高纯水的电导率，被广泛用于水质检测、水中含盐量、大气中 SO_2 含量等的测定和电导滴定等方面。

DDS-11A 型电导率仪（图 1-46）的使用步骤如下：

（1）按电导率仪使用说明书的规定选用电极，放在盛有待测溶液的烧杯中数分钟。

（2）打开电源开关前，观察表头指针是否指零。不指零，可调整表头螺丝使指针指零。

（3）将"校正、测量"开关扳在"校正"位置。

（4）打开电源开关，预热 5min，调节"调正"旋钮使表针满度指示。

（5）将"高周、低周"开关扳向低周位置。

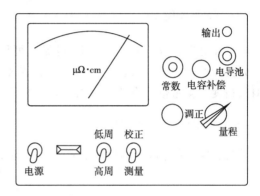

图 1-46　DDS-11A 型电导率仪示意图

（6）"量程"扳到最大挡，"校正、测量"开关扳到"测量"位置，选择量程由大至小，至可读出数值。

（7）将电极夹夹紧电极胶木帽，固定在电极杆上。选取电极后，调节与之对应的电极常数。

（8）将电极插头插入电极插口内，紧固螺丝，后将电极插入待测液中。

（9）调节"调正"调节器旋钮使指针满刻度，然后将"校正、测量"开关扳至"测量"位置。读取表针指示数，再乘上量程选择开关所指的倍率，即为被测溶液的实际电导率。将"校正、测量"开关再扳回"校正"位置，看指针是否满刻度。再扳回"测量"位置，重复测定一次，取其平均值。

（10）将"校正、测量"开关扳到"校正"位置，取出电极，用蒸馏水冲洗后，放回盒中。

（11）关闭电源，拔下插头。

2. 12. 3　注意事项

（1）盛待测溶液的容器必须洁净干燥，无离子沾污。

（2）电极的引线不能潮湿，否则测不准。

（3）测量读数时，看表头上面或下面的刻度线，即测量量程的红点对红线，黑点对黑线。

（4）每测量一份试样后，要用蒸馏水冲洗电极，并用吸水纸吸干（不能擦铂黑电极，以免铂黑脱落）或用待测液荡洗 3 次后再测量。

（5）测量高纯水时应迅速测量，否则电导率会很快增加，影响电导率数据的准确性。

2.13　分光光度计

分光光度计分为红外、紫外-可见、可见分光光度计等几类，有时也称之为分光光度仪或光谱仪。不同类型的分光光度计其原理基本相同，只是结构、测量精度、测量范围有差别。以下以 722 型分光光度计为例介绍其使用方法。

2.13.1　仪器的基本结构

722 型分光光度计的外形如图 1-47 所示，主要技术指标如下：

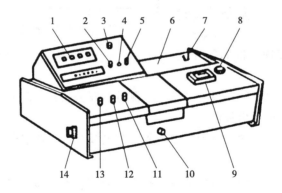

图 1-47　722 型分光光度计

1—数字显示器；2—吸光度调零旋钮；3—选择开关；4—吸光度调斜电位器；

5—浓度旋钮；6—光源室；7—电源开关；8—波长手轮；9—波长刻度窗；

10—样品架拉手；11—100％T 旋钮；12—0％T 旋钮；13—灵敏度调节旋钮；14—干燥器

波长范围：330～800nm；波长精度±2nm。

电源电压：220V±22V、49.5～50Hz。

浓度直读范围：0～2000。

吸光度测量范围：0～1.999。

透射率测量范围：0％～100％。

光谱带宽：6nm。

色散元件：衍射光栅。

光源：卤钨灯 12V、30W。

接收元件：光电管，端窗式 19008。

噪声：0.5%（在 550nm 处）。

722 型分光光度计光学系统示意图如图 1-48 所示。

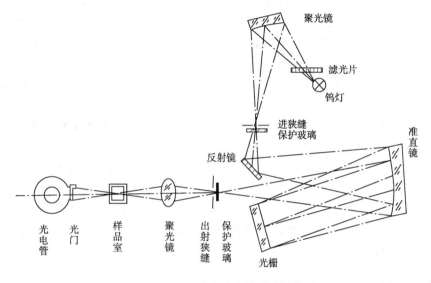

图 1-48　722 型分光光度计光学系统图

钨灯发出的连续辐射经滤光片选择，聚光镜聚光后从进狭缝投向单色器（包括进狭缝、反射镜、准直镜、光栅、出射狭缝），进狭缝正好处在聚光镜及单色器内准直镜的焦平面上，因此进入单色器的复合光通过平面反射镜反射及准直镜准直变成平行光射向色散元件光栅，光栅将入射的复合光通过衍射作用按照一定顺序均匀排列成连续单色光谱。此单色光谱重新回到准直镜上，由于仪器出射狭缝设置在准直镜的焦平面上，因此从光栅色散出来的光谱经准直镜后利用聚光原理成像在出射狭缝上，出射狭缝选出指定带宽的单色光通过聚光镜落在样品室被测样品中心。样品吸收后，透射的光经光门射向光电管阴极面，由光电管产生的光电流经微电流放大器、对数放大器放大后，在数字显示器上直接显示出样品溶液的透射率、吸光度或浓度数值。

2.13.2　722 型分光光度计操作步骤

（1）使用 722 型分光光度计前，应了解它的工作原理和各个操作旋钮的功能。

（2）将灵敏度旋钮调置"1"挡（使放大倍率最小）。

（3）开启电源，指示灯亮，仪器预热 20min，选择开关置于"T"。

（4）打开样品室（光门自动关闭），调节透射率零点旋钮，使数字显示为"000.0"。

（5）将装有溶液的比色皿置于比色架中。

（6）旋动仪器波长手轮，把测试所需的波长调节至刻度线处。

（7）盖上样品室盖，将参比溶液比色皿置于光路，调节透射率"100"旋钮，使数字显示 T 为 100.0。若显示不到 100.0，则可适当增加灵敏度的挡数，同时应重复步骤（4），调整仪器的"000.0"。

（8）将被测溶液置于光路中，数字表上直接读出被测溶液的透射率（T）值。

（9）吸光度（A）的测量，参照步骤（4）、（7），先调整仪器的透射率 T 为"000.0"，再调透射率为"100.0"，此时将选择开关置于"A"，旋动吸光度调零旋钮，使数字显示为"0.000"，然后放入被测溶液，显示值即为样品的吸光度（A）值。

（10）测量浓度（c）时，选择开关由"A"旋至"C"，将已标定浓度的溶液移入光路，调节浓度旋钮，使得数字显示为标定值。将被测溶液移入光路，即可读出相应的浓度值。

2.13.3 使用分光光度计的注意事项

（1）仪器预热后，应连续几次调"0"和"100％"。

（2）测定时，比色皿要用被测液荡洗 2～3 次，以避免被测液浓度改变。要用吸水纸将附着在比色皿外表面的溶液擦干。擦时应注意保护其透光面，勿使产生划痕。拿比色皿时，手指只能捏住毛玻璃的两面。比色皿每次使用完毕后，应洗净、吸干、放回比色皿盒子内。切不可用碱溶液和强氧化剂洗比色皿，以免腐蚀玻璃或使比色皿黏结处脱胶。

（3）比色皿放入比色皿架内时，应注意它们的位置，尽量使它们前后一致，否则容易产生误差。

（4）为了防止光电管疲劳，在不测定时，应将暗箱处在开启位置。连续使用仪器的时间一般不应超过 2h，最好是间歇 0.5h 后，再继续使用。

（5）722 型分光光度计（如图 1-47）数字显示屏背部带有外接插座 1 和外接插座 2，可输出模拟信号。插座 1 脚为正，2 脚为负接地线。

（6）若大幅度改变测试波长，需等数分钟后才能正常工作。（因波长由长波向短波或反向移动时，光能量急剧变化，光电管受光后响应迟缓，需一段光响应平衡时间。）

（7）仪器使用完毕后应用套子罩住，并放入硅胶保持干燥。

2.14 温度计

水银温度计是液体温度计的一类，也是最常用的温度计。水银温度计的测温物质是水银，装在一根下端带有玻璃的均匀毛细管中。毛细管上端抽成真空或充入某种气体。温度的变化表现为水银体积的变化，毛细管中的水银柱将随温度的变化而上升或下降。由于玻璃的膨胀系数很小，而毛细管又是均匀的，因此水银的体积变化可用长度变化来表示，于是在毛细管上就直接标出刻度来表示温度。

水银温度计构造简单、读数方便，在相当大的温度范围内水银体积随温度的变化接近于线性关系。

水银温度计的量程通常范围有 $0 \sim 100℃$、$0 \sim 250℃$、$0 \sim 360℃$。还有一种常用的体温计，量程范围是 $35 \sim 42℃$。刻度线以 $1℃$ 或 $0.1℃$ 为间隔。

使用水银温度计应注意下列事项：

（1）使用全浸式水银温度计时，应全部垂直浸入被测系统中。要在达到热平衡后，毛细管中水银柱面不再移动时，才能读数。

（2）使用精密温度计读数时，读数前须轻轻敲击水银面附近的玻璃壁，这样可以防止水银在管壁上黏附。

（3）读数时，视线应与水银柱液面位于同一水平面上。

（4）防止骤冷骤热，以免引起温度计破裂，还要防止强光、射线直接照射水银球。

（5）水银温度计是易破碎玻璃仪器，而且毛细管内水银有毒，绝不允许用作搅拌棒、支柱等。使用温度计时要非常小心，避免与硬物相碰。温度计破损水银洒出时，要立即用硫磺粉覆盖。

2.15 秒表

秒表是测量时间的仪器，它有各种规格，实验室常用的一种秒表如图 1-49 所示。秒表的秒针转一圈为 30s，分针转一圈为 15min。这种表有两个针，长针为秒针，短针为分针，表面上也相应地有两圈刻度，分别表示秒和分的数值，读数可准确到 0.01s。表的上端有柄头，用它旋紧发条，控制表的启动和停止。

使用秒表时，先旋紧发条，用手握住表

图 1-49　秒表

体，用拇指或食指按柄头，按一下，表即开动。需停表时，再按柄头，秒针、分针停止转动，便可读数。第三次按柄头，秒针、分针返回零点，恢复原状。有的秒表有暂停功能，需暂停时，推动暂停钮，表即停止，退回暂停钮时，表继续走动，连续计时。

使用秒表的注意事项：

（1）使用前应检查零点（即检查秒针是否正指在 0），如不准，则应记下差值，对读数进行校正。

（2）按柄头时有一段空挡。在开动或停止秒表时，应先按过空挡，做好准备。到正式按时，秒表才会立即开动或停止，不然会因空挡而引起误差。

（3）秒表用完后，应让表继续走动，使发条完全放松。

（4）要轻拿轻放，切勿碰摔敲击，以免震坏。不要与腐蚀性的化学药品或磁性物质放在一起，使用后应保存在干燥处。

2.16 试纸

实验室常用的试纸有石蕊试纸、pH 试纸、淀粉-碘化钾试纸和醋酸铅试纸。

2.16.1 石蕊试纸

用石蕊试纸检验溶液的酸碱性时，可先将试纸剪成小块，放在干燥清洁的表面皿或点滴板上，再用玻璃棒蘸取待测量的溶液，滴到试纸上，在 30s 内观察试纸的颜色，确定溶液的酸碱性（红色呈酸性，蓝色呈碱性）。不得将试纸浸入溶液中进行实验，以免沾污溶液。

检查挥发性物质的酸碱性时，可先将石蕊试纸润湿，然后悬空放在气体出口处，观察试纸的颜色变化。

2.16.2 pH 试纸

pH 试纸是用于检验溶液和气体的酸碱性的，主要有 pH 广泛试纸（pH＝1～14）和变化范围小的 pH 精密试纸。pH 试纸的使用方法与石蕊试纸的使用方法大致相同。在 pH 试纸显色 30s 内，将显示的颜色与标准色卡比较，确定其近似的 pH。

2.16.3 淀粉-碘化钾试纸和醋酸铅试纸

淀粉-碘化钾试纸用于定性检验氧化性物质（如 Cl_2、Br_2 等）。其原理是：

$$2 I^- + Cl_2(Br_2) \Longrightarrow I_2 + 2 Cl^-(Br^-)$$

碘和淀粉作用呈蓝色。当物质的氧化性很强，且浓度较大时，会进一步将 I_2 氧化生成无色的 IO_3^- 而使试纸褪色：

$$I_2 + 5Cl_2 + 6H_2O \Longrightarrow 2HIO_3 + 10HCl$$

使用时，将试纸润湿贴在玻璃棒上放在试管口或伸入试管内，如果试纸变蓝，则表示试管中的物质具有氧化性。若物质的氧化性特别强且浓度大，则使试纸先变蓝后褪色。因而同时也要仔细观察试纸颜色的变化。

醋酸铅试纸用于检验硫化氢气体。当含有 S^{2-} 的溶液酸化时，逸出的 H_2S 遇到湿润的醋酸铅试纸，立即与试纸上 $PbAc_2$ 反应，生成黑色的 PbS 沉淀而使试纸呈黑褐色。

3　实验数据处理与表达

3.1　少量次测定的实验数据处理

在化学基础实验中，如数据的精密度较好，一般一个数据只要求重复测定两三次，再用平均值作为结果。若需要注明结果的误差，可根据方法误差或者根据所用仪器的精密度估计出来。对于准确度要求较高的实验，往往要多次重复实验，然后按照统计学的方法，将数据的准确范围表示出来。一般情况下，可以将准确值 μ 表示为 $\mu = \bar{x} \pm \bar{d}$。其中 $\bar{x}$ 为算术平均值；$\bar{d}$ 为平均偏差。

按照统计学规律，也经常用平均偏差、标准偏差、置信度与平均值置信区间的方法表示。

3.1.1　平均偏差和标准偏差

对某试样进行 n 次平行测定，测定数据为 x_1，x_2，$\cdots$，x_n，则其算术平均值 $\bar{x}$ 为：

$$\bar{x} = \frac{1}{n}(x_1 + x_2 + \cdots + x_n) = \frac{1}{n}\sum_{i=1}^{n} x_i$$

计算平均偏差 $\bar{d}$ 时，先计算各次测定值对于平均值的绝对偏差 d_i：

$$d_i = x_i - \bar{x}(i=1, 2, \cdots)$$

然后，计算出各次测量偏差绝对值的平均值，即得平均偏差 $\bar{d}$：

$$\bar{d} = \frac{1}{n}\sum_{i=1}^{n}|d_i| = \frac{1}{n}\sum_{i=1}^{n}|x_i - \bar{x}|$$

将平均偏差除以算术平均值得相对平均偏差：

$$相对平均偏差 = \frac{\bar{d}}{\bar{x}} \times 100\%$$

用平均偏差和相对偏差表示精密度比较简单，但由于在一系列的测定结果中，小偏差占多数，大偏差占少数，如果按总的测定次数要求计算平均偏差，所得结果会偏小，大偏差得不到应有的反映。为了反映这些差别，我们引入标准偏差。

标准偏差又称均方根偏差。在一般的分析工作中，只做有限次数的平行测定，这时标准偏差用 s 表示：

$$s = \sqrt{\frac{\sum\limits_{i=1}^{n}(x_i - \bar{x})^2}{n-1}} = \sqrt{\frac{\sum\limits_{i=1}^{n}d_i^2}{n-1}}$$

用标准偏差将单次测定的偏差平方后，较大的偏差就能显著地反映出来，因此能更好地反映数据的分散程度。

相对标准偏差也称变异系数，其计算式为：

$$\mathrm{CV} = \frac{s}{\bar{x}} \times 100\%$$

3.1.2 平均值的置信区间

在实际工作中，有限次数的实验测定中只能求出平均值及其可能达到的准确范围。结果真实值落在上述区间范围的概率，称为置信度或置信水准，常用 P 表示。结果真实值可能所在的范围，就称为置信区间。

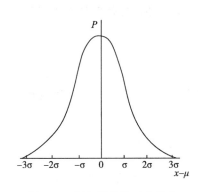

图 1-50 偶然误差的正态分布

图 1-50 中曲线各点的横坐标是 $x-\mu$，其中 x 为单次测定值，μ 为总体平均值，在消除系统误差的前提下 μ 就是真实值，因此 $x-\mu$ 即为误差。曲线上各点的纵坐标表示误差出现的频率，曲线与横坐标从 $-\infty$ 到 $+\infty$ 之间所包围的面积表示具有各种大小误差的测定值出现概率的总和，设为 100%。由数学统计计算可知，真实值落在 $\mu\pm\sigma$、$\mu\pm2\sigma$ 和 $\mu\pm3\sigma$ 的概率分别为 68.3%、95.5% 和 99.7%。也就是说，在 1000 次的测定中，只有 3 次测量值的误差大于 $\pm3\sigma$。以上是对无限次的测定而言。

对于有限次数的测定，真实值 μ 与平均值 $\bar{x}$ 之间有如下关系：

$$\mu = \bar{x} \pm \frac{ts}{\sqrt{n}}$$

此公式表示在一定置信度下，以测定的平均值 $\bar{x}$ 为中心，包括总体平均值 μ 的范围，就叫平均值的置信区间。式中 s 为标准偏差；n 为测定次数；t 为在选定的某一置信度下的概率系数，可根据测定次数从表 1-15 中查得。

表 1-15　不同测定次数及不同置信度下的 t 值

测定次数 (n)	置 信 度				
	50%	90%	95%	99%	99.5%
2	1.000	6.314	12.706	63.657	127.32
3	0.816	2.920	4.303	9.925	14.089
4	0.765	2.353	3.182	5.841	7.453
5	0.741	2.132	2.776	4.604	5.598
6	0.727	2.015	2.571	4.032	4.773
7	0.718	1.943	2.447	3.707	4.317
8	0.711	1.895	2.365	3.500	4.029
9	0.706	1.860	2.306	3.355	3.832
10	0.703	1.833	2.262	3.250	3.690
11	0.700	1.812	2.228	3.169	3.581
21	0.687	1.725	2.086	2.845	3.153
∞	0.674	1.645	1.960	2.576	2.807

3.1.3　可疑数据的取舍

在一组平行测定的数据中，往往会出现个别偏差比较大的数据，这一数据称为可疑值或离群值。如果这一数据是由实验过失造成的，则应该将该数据舍弃，否则就不能随便将它舍弃，而必须用统计方法来判断是否取舍。取舍的方法很多，常用的有四倍法、格鲁布斯法和 Q 检验法等，其中 Q 检验法比较严格又比较方便。故在此我们只介绍 Q 检验法。

在一定置信度下，Q 检验法可按下列步骤判断可疑数据是否舍去：

(1) 先将数据从小到大排列为：x_1，x_2，…，x_{n-1}，x_n。

(2) 计算出统计量 Q：

$$Q = \frac{|可疑值 - 邻近值|}{最大值 - 最小值}$$

也就是说，若 x_1 为可疑值，则统计量 Q 为：

$$Q = \frac{x_2 - x_1}{x_n - x_1}$$

若 x_n 为可疑值，则统计量 Q 为：

$$Q = \frac{x_n - x_{n-1}}{x_n - x_1}$$

式中，分子为可疑值与相邻值的差值；分母为整组数据的最大值与最小值的差值，也称之为极值。Q 越大，说明 x_1 或 x_n 离群越远。

（3）根据测定次数和要求的置信度由表 1-16 查得 Q（表值）

表 1-16　不同置信度下舍弃可疑数据的 Q 值

置信度	测定次数（n）							
	3	4	5	6	7	8	9	10
90%	0.94	0.76	0.64	0.56	0.51	0.47	0.44	0.41
95%	0.98	0.85	0.73	0.64	0.59	0.54	0.51	0.48
99%	0.99	0.93	0.82	0.74	0.68	0.63	0.60	0.57

（4）将 Q 与 Q（表值）进行比较，判断可疑数据的取舍。若 $Q > Q$（表值），则可疑值应该舍去，否则应该保留。

3.2　分析结果数据处理的表达

在实际工作中，分析结果的数据处理是非常重要的。在实验和科学研究工作中，必须对试样进行多次平行测定（$n \geqslant 3$），然后进行统计处理并写出分析报告。

3.2.1　列表法

无机及分析化学实验中，最常用的是函数表。将自变量 x 和因变量 y 一一对应排列成表格，以表示二者的关系。

列表时注意以下几点：

① 每一完整的数据表必须有表的序号、名称、项目、说明及数据来源。

② 原始数据表格应记录包括重复测量结果的每个数据，表内或表外适当位置应注明温度、大气压力、日期与时间、仪器与方法等内容。

③ 将表格分为若干行和列。每一自变量 x 占一列，每一因变量 y 占一行。根据"物理量＝数值×单位"的关系，将量纲、公共乘方因子放在每一行和列的第一栏名称下，以量的符号除以单位来表示，如 $T/℃$、p/kPa 等，使其中的数据尽量化为最简单的形式，一般为纯数。

④ 每一行所记录的数字应注意其有效数字的位数，按照小数点将数据

对齐。

⑤ 自变量的选择有一定的灵活性。通常选择较简单的变量（如温度、时间、浓度等）作为自变量。自变量要有规律地递增或递减，最好为等间隔。

3.2.2　作图法

在无机实验和仪器分析实验中，实验结果的计算有时可用 Excel、Origin 等软件来画图求出，比如标准曲线、工作曲线、速率常数的测定。

作图的步骤简单概括如下：

（1）测定一系列自变量、因变量的实验数据。以自变量为横坐标，因变量为纵坐标。

（2）将数值输入 Excel、Origin 等软件中，然后利用软件画图，得到直线或曲线以及变量间的关系函数。注释好横坐标轴、纵坐标轴所代表的物理量，比例尺，范围，图形名称等。

（3）通过所画图形能得到数据特点和数据变化规律，找到你所需要的点的数值。由图也可求出斜率、截距、内插值、切线等。

第二部分

基 础 实 验

实验1 仪器的认领、洗涤、干燥及溶液的配制

(4学时)

一、预习内容

(1) 绪论。

(2) 常用玻璃仪器的洗涤与干燥。

(3) 化学试剂的取用。

(4) 一般溶液的配制。

(5) 标准溶液的配制。

(6) 称量仪器的使用。

二、实验目的

(1) 了解基础化学实验的目的和要求。

(2) 掌握基础化学实验的学习方法。

(3) 熟悉实验室内水、电、气的走向和开关。

(4) 学习并掌握化学实验室安全知识,学会实验室事故的应急处理。

(5) 了解实验室"三废"的处理方法,树立绿色化学意识。

(6) 了解常用仪器的主要用途、使用方法及玻璃仪器的洗涤与干燥方法。

(7) 学会试剂的取用,电子天平、台秤的使用等基本操作。

(8) 掌握一般溶液、标准溶液的配制方法。

(9) 学会移液管、容量瓶的使用和基本操作。

三、主要仪器与试剂

电子天平 (0.0001g)、台秤 (0.01g)、毛刷、其它常用仪器、去污粉、洗

液、乙醇（CP）、H_2SO_4（浓）、NaCl（固体）、KCl（固体）、$CaCl_2$（固体）、$NaHCO_3$（固体）、Na_2CO_3（固体）、$1.0000mol \cdot L^{-1}$ H_2CO_4 溶液、$SnCl_2 \cdot 2H_2O$（固体）、Sn（固体）

四、实验内容

（1）检查仪器　按照仪器清单表 2-1，检查、认识自己实验柜子里的常用仪器（名称、规格、数量）及实验室公用仪器，熟悉废液桶、水电开关、总闸位置等。

（2）洗涤练习　用自来水、去污粉、洗液洗玻璃仪器，一直洗到内壁不挂水珠，水附着均匀才算干净。然后再用蒸馏水冲洗三遍。

（3）玻璃仪器的干燥　用酒精灯小火烤干一支试管，也可用烘箱烘干、吹风机吹干或自然晾干玻璃仪器。

（4）液滴体积的估计　取大、中、小不同口径的滴管，向 10mL 量筒内滴水，记录 1mL 水的滴数；或滴加一定滴数的水，量出溶液的体积。反复操作、确认，记录下不同口径滴管的 1mL 水的滴数，以方便后续实验中少量溶液的取用。

（5）移液管、容量瓶的相互校正　相互校正：将一个 250mL 容量瓶和一支 25mL 移液管洗净晾干，用移液管移取蒸馏水 10 次，注入容量瓶中，观察液面相切处是否与标线相合，如不一致，另作一标记。经相互校正后，移液管和容量瓶应配套使用。此时，用移液管吸取一次溶液的体积，准确等于容量瓶中溶液体积的 1/10。

（6）100mL $0.1000mol \cdot L^{-1}$ 碳酸钠溶液的配制（标准溶液的配制）　电子天平上称量 1.0600g 无水 Na_2CO_3，倒入烧杯中。加少量蒸馏水搅拌、溶解，用玻璃棒引流转入已检漏的洗净的容量瓶中。少量蒸馏水洗涤烧杯后一并转入容量瓶中，待蒸馏水稀释至接近容量瓶刻度线时，改用滴管滴至凹液面与容量瓶刻度线相切即可。然后盖紧磨口塞，摇匀，转入试剂瓶中，贴上标签。注意容量瓶使用完毕要在磨口处垫一张纸！

（7）100mL $0.1000mol \cdot L^{-1}$ 草酸溶液的配制（标准溶液的配制）　用洗净、润湿的移液管（或干燥移液管）移取 10.00mL $1.0000mol \cdot L^{-1}$ 草酸溶液，转入 100mL 容量瓶中。用玻棒引流加蒸馏水稀释至已洗净、检漏的容量瓶刻度线下，改用滴管滴加蒸馏水至凹液面与容量瓶刻度线相切即可。盖上磨口塞子，摇匀。转入贴有标签的试剂瓶中。

（8）100mL $3mol \cdot L^{-1}$ 硫酸溶液的配制（一般溶液的配制）　用量筒量取 $18mol \cdot L^{-1}$ 浓硫酸溶液 16.7mL，再将硫酸沿烧杯壁慢慢倒入装有 50mL 蒸馏水的烧杯中，同时用玻璃棒不断搅拌（不可将水直接加入到量取好的浓硫酸中，以防飞溅！）。然后，加蒸馏水稀释至烧杯 100mL 的刻度线处。待冷却后，转入贴有标签的试剂瓶中。

（9）100mL 0.1mol·L^{-1} SnCl$_2$ 溶液的配制（介质水溶法配制易水解盐的一般溶液） 称取 2.3g SnCl$_2$·2H$_2$O 固体，溶于 4mL 浓盐酸中，加水稀释到 100mL，临时配用。为了防止二价锡氧化，需加些锡粒，倒入带标签的试剂瓶内，备用。

思考题

（1）配制一般溶液和标准溶液所使用的仪器有哪些不同？

（2）标准溶液都可以用直接配制法配制吗？

表 2-1　每个实验台柜子的仪器清单

名称	规格	数量	名称	规格	数量	名称	规格	数量
	250mL	1个	试管夹	—	1个	三脚架	—	1个
烧杯	100mL	1个	试管架	—	1个	石棉网		1块
	50mL	1个	表面皿	6～8cm	1个	容量瓶	250mL/100mL	各1个
试管	1.5cm×15cm	5支	蒸发皿	60mL	1个	锥形瓶	250mL	3只
	1.8cm×18cm	5支	量筒	10mL	1个	坩埚钳	—	1把
铁棒	—	1根	铁坩埚	60mL	1个	移液管	25mL/10mL	各1支
漏斗	6cm	1个	酒精灯	—	1盏	洗瓶	250mL	1个

实验2　酒精喷灯的使用、玻璃管的加工和塞子钻孔

（3学时）

一、预习内容

（1）酒精灯、酒精喷灯的使用。

（2）塞子的钻孔与安装。

二、实验目的

（1）了解酒精灯、酒精喷灯的构造和原理，学会使用酒精灯、酒精喷灯。

（2）练习玻璃管（棒）的截断、弯曲、拉制和熔烧等基本操作，完成滴管、玻璃棒、90°弯管的制备。

（3）练习塞子的钻孔，完成布氏漏斗塞子的装配。

三、主要仪器与试剂

酒精灯、酒精喷灯、石棉网、打孔器、量角器、捅针、玻璃管（$\phi 4 \sim 5mm$）、玻璃棒（$\phi 4 \sim 5mm$）、酒精（CP）、火柴、硬纸片、乳胶头、橡皮塞（8号、1号、0号）、锉刀

四、基本操作

（一）玻璃管的简单加工

（1）截割和熔烧玻璃管

第一步 锉痕

平铺玻璃管，左手拇指扶住待截割的地方，用锉刀朝前或朝后用力锉一下玻璃管（不能反复锉），使玻璃管有一深刻痕［图 2-1(a)］。

第二步 截断

拇指齐放在划痕的背后向前推压，同时食指向外拉［图 2-1(b)］。

第三步 熔光

前后移动并不停转动，熔光截面［图 2-1(c)］。

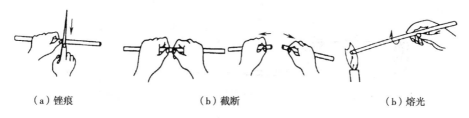

| （a）锉痕 | （b）截断 | （b）熔光 |

图 2-1 玻璃管的截割和熔烧

（2）弯曲玻璃管

第一步 烧管

加热时均匀转动玻璃管，左右移动用力匀称，稍向中间渐推［图 2-2(a)］。

第二步　弯管

方法一：吹气法。用棉球堵住一端，掌握火候，取离火焰，迅速弯管［图 2-2(b)］。

方法二：不吹气法。掌握火候，取离火焰，用"V"字形手法，弯好后待冷却变硬再撒手（弯小角管时可多次弯成，先弯成 M 部位形状，再弯成 N 部位形状）［图 2-2(c)］。

弯管的好坏主要看弯角里外是否均匀平滑。里外有扁平、里外都扁平或有褶均不好。

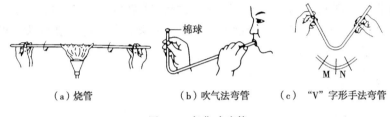

　（a）烧管　　　　　（b）吹气法弯管　　　（c）"V"字形手法弯管

图 2-2　弯曲玻璃管

（3）制备滴管

第一步　烧管

操作同"弯曲玻璃管"，但要烧得时间长，使玻璃软化程度大些［图 2-3(a)］。

第二步　拉管

边旋转边拉动，控制温度使狭部至所需粗细［图 2-3(b)］。

第三步　扩口

管口灼烧至红热后，用金属锉刀柄斜放管口内迅速而均匀旋转［图 2-3(c)］。

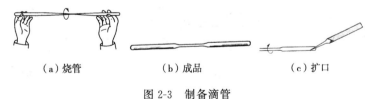

　（a）烧管　　　　　（b）成品　　　　　　（c）扩口

图 2-3　制备滴管

（二）塞子的钻孔

化学实验室常用的塞子有玻璃磨口塞、橡胶塞、塑料塞和软木塞。玻璃磨口不耐碱，不用时要在磨口塞和瓶口间夹一纸条，以防久置后打不开。橡胶塞可以耐碱，但它易被酸、氧化性物质和一些有机物质所侵蚀。木塞不易与有机物质作用，但易被酸碱所侵蚀。

无机化学实验装配塞子时，多用橡胶塞，有时也用软木塞，比如布氏漏斗和抽滤瓶口就要使用合适的橡胶塞。塞子都是用钻孔器钻孔，钻孔器由一串直径不同的金属管组成，一头有柄，另一头管口很锋利，如图 2-4(a)。钻孔的金属管如果用钝了，则可用钻孔器刨来刮磨，使它变锋利。钻孔器刨是个附着一把刮刀的金属圆锥体 [图 2-4(b)]。左手握住刨柄，而用大拇指推住刮刀，使钻孔器的管口在转动时正好被刮刀所刮削，这样，就可使钻孔管恢复锋利。

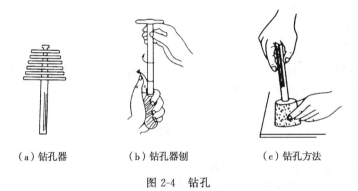

(a) 钻孔器　　　　(b) 钻孔器刨　　　　(c) 钻孔方法

图 2-4　钻孔

钻孔的步骤如下：

(1) 塞子的选择　塞子的大小应与仪器的口径相适合，塞子进入瓶颈或管颈部分不能少于本身高度的 1/2，也不能多于 2/3。

(2) 钻孔器的选择　选择一个比要插入橡胶塞的玻璃管口径略粗的钻孔器。因为橡胶塞有弹性，孔道钻成后会收缩使孔径变小。对于软木塞，应选用比管径小的钻孔器。因为软木塞结构疏松，导管可稍用力挤插进去而保持严密。

(3) 钻孔方法　如图 2-4(c) 所示，将塞子小的一端朝上，平放在桌面的一块木板上，左手持塞，右手握住钻孔器的柄，并在钻孔器前端涂点甘油或水。将钻孔器按在选定的位置上，以顺时针的方向，一面旋转，一面用力向下压并向下钻动。钻孔器要垂直于塞子，以免孔钻斜。钻至超过塞子高度 2/3 时，以逆时针的方向一面旋转，一面往外拉，拔出钻孔器。

再把塞子大的一端朝上，钻孔。注意对准小的那端的孔位，直到两端的圆孔贯穿为止。拔出钻孔器，捅出钻孔器内嵌入的橡胶。然后检查是否合用，孔大了的话则不能用，小的话可以用圆锉加以修整。

（4）塞子安装　可以用甘油或水将待安装的玻璃管或布氏漏斗颈等润湿，然后手尽量握住待插入的前端，慢慢旋入塞孔合适位置。

五、实验内容

（1）制备玻璃棒。用三角锉刀截取一段 20cm 长的细玻璃棒，然后两端熔光。

（2）制备滴管。要求玻璃管细部的内径为 1.5mm，毛细管长约 8cm。用三角锉刀截取一段 15cm 长（内径约 5mm）的玻璃管，将中部置火焰上加热，拉细玻璃管。要求玻璃管细部的内径为 1.5mm。截断并将断口熔光。把尖嘴端的另一端加热至发软，然后在石棉网上按压一下，使管口外卷，冷却后套上橡胶头即成滴管。

（3）将 15cm 长的玻璃管弯曲成 90°。

（4）制备布氏漏斗塞一个，并安装好。选择尺寸适合抽滤瓶的橡胶塞，按前述塞子钻孔的操作方法，将橡胶塞钻孔并安装好，以备后用。

思考题

（1）弯曲和熔光玻璃管时，应如何加热玻璃管？

（2）角度较小的玻璃管怎么弯曲？

实验3　粗盐的提纯

（4学时）

一、预习内容

（1）溶解、蒸发、过滤、结晶、重结晶。

（2）pH 试纸的使用。

二、实验目的

（1）掌握溶解，常压过滤，减压过滤，沉淀的洗涤，溶液的蒸发、浓缩、结晶和干燥等基本操作。正确使用台秤。

（2）熟悉化学法提纯化合物的一般原理和方法。

（3）了解 SO_4^{2-}、Ca^{2+}、Mg^{2+} 等离子的定性鉴定。

三、主要仪器与试剂

台秤（精度 0.1g）、循环水真空泵、滤纸、火柴、酒精灯、酒精

HCl 溶液（$6mol \cdot L^{-1}$）、$BaCl_2$ 溶液（$1mol \cdot L^{-1}$）、Na_2CO_3 溶液（10%、$2mol \cdot L^{-1}$）、NaOH 溶液（$6mol \cdot L^{-1}$）、HAc 溶液（$6mol \cdot L^{-1}$）、$(NH_4)_2C_2O_4$ 饱和溶液、镁试剂❶、pH 试纸和粗食盐。

四、实验原理

粗食盐中含有 SO_4^{2-}、Ca^{2+}、Mg^{2+}、K^+ 等可溶性杂质和泥沙等不溶性杂质。提纯氯化钠通常是采用适当的沉淀剂（例如 $BaCl_2$、Na_2CO_3 等）使得 SO_4^{2-}、Ca^{2+}、Mg^{2+} 等生成难溶物沉淀下来，达到和 NaCl 分离的目的。一般是先加过量 $BaCl_2$ 除去 SO_4^{2-}，然后加入过量的 Na_2CO_3 以除去 Ca^{2+}、Mg^{2+}、过量的 Ba^{2+}，最后过量的 Na_2CO_3 用盐酸中和除去。

具体反应式如下：

$$Ba^{2+} + SO_4^{2-} = BaSO_4 \downarrow$$

$$Ca^{2+} + CO_3^{2-} = CaCO_3 \downarrow$$

$$Mg^{2+} + CO_3^{2-} = MgCO_3 \downarrow$$

$$4Mg^{2+} + 5CO_3^{2-} + 2H_2O = Mg(OH)_2 \cdot 3MgCO_3 \downarrow + 2HCO_3^-$$

对于少量可溶性杂质 K^+，由于其溶解度比 NaCl 大，而且含量比较少，在蒸发浓缩和结晶过程中仍然留在溶液中，不会和 NaCl 同时结晶出来。

五、实验步骤

（一）粗盐提纯

（1）溶解粗盐 台秤上称取 10.0g 粗盐，倒入在 250mL 烧杯中，再加入量筒量取的 40mL 蒸馏水，加热，搅拌，溶解。

---

❶ 对硝基苯偶氮间苯二酚（ ）俗称镁试剂，在碱性环境下呈红色或红紫色，被 $Mg(OH)_2$ 吸附后呈天蓝色。

（2）除去 SO_4^{2-}　　在煮沸的粗盐溶液中，边搅拌边滴加 $BaCl_2$ 溶液约 5mL。（钡盐有毒，切勿入口！）将酒精灯移开，待沉淀下沉后，上层清液用 1～2 滴 $BaCl_2$ 溶液检验，看是否沉淀完全。如上层清液变浑浊，则继续滴加，直至沉淀完全。小火加热 5～10min。倾析法滤去沉淀，取清液。

（3）除去 Ca^{2+}、Mg^{2+}、Ba^{2+}　　在加热近沸的上述清液中滴加 Na_2CO_3 溶液（10%），边滴加边搅拌，直至不再出现沉淀为止。然后多滴加 0.5mL Na_2CO_3 溶液，静置。同上法检测是否沉淀完全。完全沉淀以后减压过滤，取清液。

（4）调节溶液 pH 值　　在上述清液中滴加 $6mol \cdot L^{-1}$ HCl 溶液至 pH＝2～3 左右，除去 CO_3^{2-}。

（5）蒸发浓缩　　将溶液转移至蒸发皿中，加热蒸发至表面有晶膜，改为小火加热，继续蒸发浓缩至稀粥状。（不可将溶液蒸发浓缩干！）

（6）结晶、减压过滤、干燥　　冷却至室温，抽滤，再将滤干的晶体和滤纸一起转移至蒸发皿中，观察产品形状，然后放在石棉网上，小火加热、搅拌，烘干至晶体不再沾玻璃棒为止。最后称量，计算粗产率。

（二）产品纯度的检验

取产品和原料各 1.0g，分别溶于 5mL 水中，进行纯度检验。

（1）SO_4^{2-}：各取上述产品和原料溶液 1mL 于试管中，分别加入 $6mol \cdot L^{-1}$ HCl 溶液、$1mol \cdot L^{-1}$ $BaCl_2$ 溶液各 2 滴，对比沉淀产生情况。

（2）Ca^{2+}：各取上述产品和原料溶液 1mL 于试管中，分别加入 $2mol \cdot L^{-1}$ HAc 溶液 3～4 滴，使得溶液为酸性，加入 $(NH_4)_2C_2O_4$ 饱和溶液 3～4 滴，观察并对比沉淀产生情况。

（3）Mg^{2+}：各取上述产品和原料溶液 1mL 于试管中，加入 $6mol \cdot L^{-1}$ NaOH 溶液 3～4 滴，使得溶液为碱性，加入镁试剂，如果有蓝色沉淀生成，则说明其中含有 Mg^{2+}。比较两溶液颜色。

思考题

（1）在除去 Ca^{2+}、Mg^{2+}、SO_4^{2-} 时，为什么先加 $BaCl_2$ 溶液除去 SO_4^{2-}，后加 Na_2CO_3 溶液除去 Ca^{2+}、Mg^{2+}？如果把顺序颠倒一下，先加 Na_2CO_3 溶液后加 $BaCl_2$ 溶液行吗？

（2）为什么用毒性很大的 $BaCl_2$ 溶液而不用无毒性的 $CaCl_2$ 溶液来除去 SO_4^{2-}？

（3）在除去 Ca^{2+}、Mg^{2+}、SO_4^{2-} 等离子时，能否用其它可溶性碳酸盐溶液代替 Na_2CO_3 溶液？

（4）加 HCl 溶液除去 CO_3^{2-}，溶液为什么要调 pH 为 2～3，而不调至中性？

实验4 硝酸钾制备与提纯

（6学时）

一、预习内容

（1）浓度积规则。
（2）复分解反应。
（3）固液分离技术。

二、实验目的

（1）学习并利用温度对物质溶解度影响的不同和复分解反应制备盐类。
（2）熟练溶解、蒸发、结晶、重结晶、过滤等操作。

三、主要仪器与试剂

恒温水浴锅、循环水真空泵、台秤（0.1g）、$NaNO_3$（固体）、KCl（固体）、滤纸

四、实验原理

复分解法是制备无机盐类的常用方法。不溶性盐利用复分解法很容易制得，但是可溶性盐则需要根据温度对反应中几种盐类溶解度的不同影响来制备。

本实验用 $NaNO_3$ 和 KCl 通过复分解反应来制取 KNO_3，其反应化学方程式为：

$$NaNO_3 + KCl \Longrightarrow KNO_3 + NaCl$$

表 2-2　几种盐类在不同温度下的溶解度（每 $100gH_2O$）　　　单位：g

温度/℃	$NaNO_3$	KCl	KNO_3	NaCl
0	73	27.6	13.3	35.7
10	80	31.0	20.9	35.8

续表

温度/℃	NaNO₃	KCl	KNO₃	NaCl
20	88	34.0	31.6	36.0
30	96	37.0	45.8	36.3
50	114	42.6	83.5	36.8
80	148	51.1	169	38.4
100	180	56.7	246	39.8

从表 2-2 中四种盐类在不同温度下溶解度数据可以看出，氯化钠的溶解度随温度变化极小，KNO_3 的溶解度却随着温度的升高而快速增大。在高温下，四种盐中以 NaCl 的溶解度最小。因此，只要把一定量的 $NaNO_3$ 和 KCl 混合溶液加热浓缩，当浓缩到 NaCl 过饱和时，溶液中就有 NaCl 析出。随着溶液的继续蒸发浓缩，析出的 NaCl 量也越来越多，上述反应也就不断向右进行，溶液中 KNO_3 与 NaCl 含量的比值不断增大。当溶液浓缩到一定程度后，停止浓缩，将溶液趁热过滤，分离去除所析出的 NaCl 晶体，滤液冷却至室温，溶液中便有大量的 KNO_3 晶体析出。其中析出的少量 NaCl 等杂质可在重结晶中与 KNO_3 晶体分离除去。

产物 KNO_3 中杂质 NaCl 可利用 $AgNO_3$ 与氯化物生成 AgCl 白色沉淀的反应来定量。

五、实验步骤

(1) 硝酸钾的制备　用表面皿在台秤上称取 $NaNO_3$ 10g、KCl 9g，放入烧杯中，加入量筒量取的 18mL 热蒸馏水（80℃以上），搅拌。同时水浴加热，使固体溶解，记录溶解后溶液的体积。继续加热蒸发，并不断搅拌，至有晶体析出（什么晶体？）。待溶液蒸发至原来体积的 2/3 时，便可停止加热，趁热减压过滤（为什么？）。滤液迅速冷却至室温并有晶体析出（为什么？）。晶体和溶液一并从抽滤瓶口转入烧杯，溶液过多的话可继续水浴蒸发至原体积的 3/4，再用减压过滤的方法分离并抽干此晶体，即得粗产品。

用玻璃棒将粗产品和滤纸一起取出，观察产品形状。转移到已去皮的表面皿中称重，计算粗产品的产率。

(2) 重结晶法提纯 KNO_3　将粗产品放在 50mL 烧杯中（留 0.5g 粗产品作纯度对比检验用），加入计算量的蒸馏水（加多少水？怎样算？）并搅拌之。用小火加热，直至晶体全部溶解为止。冷却溶液至室温，待大量晶体析出后减压过滤，晶体用滤纸吸干，放在表面皿上称重（晶体外观如何?）。

（3）产品纯度的检验　检验重结晶后 KNO_3 的纯度，与粗产品的纯度作比较。

称取 KNO_3 产品 0.5g（剩余产品回收）放入盛有 20mL 蒸馏水的小烧杯中，溶解后取出 1mL，稀释至 100mL，再取稀释液 1mL 放在试管中，加 1~2 滴 $0.1mol \cdot L^{-1} AgNO_3$ 溶液，观察有无 AgCl 白色沉淀产生。

思考题

（1）本实验的关键步骤有哪些？如何提高 KNO_3 的产率？
（2）本实验可以用大火加热吗？
（3）硝酸钾的制备中，为什么要控制"蒸发至原来体积的 2/3"？

实验5　离子交换法净化水

（4学时）

一、预习内容

（1）实验用水规格、分类。
（2）电导率仪的使用。
（3）离子交换柱的结构。

二、实验目的

（1）了解用离子交换法净化水的原理和方法。
（2）掌握水质检验的原理和方法。
（3）学会电导率仪的使用方法。

三、主要仪器与试剂

732 型强酸性阳离子交换树脂、717 型强碱性阴离子交换树脂、钙试剂（0.1%）、镁试剂（0.1%）、HNO_3 溶液（$2mol \cdot L^{-1}$）、HCl 溶液（$50g \cdot L^{-1}$、$2mol \cdot L^{-1}$）、NaOH 溶液（$50g \cdot L^{-1}$、$2mol \cdot L^{-1}$）、$AgNO_3$ 溶液（$0.1mol \cdot L^{-1}$）、$BaSO_4$ 溶液（$1mol \cdot L^{-1}$）

DDS—11A 型电导率仪、离子交换柱三支（φ7mm×160mm）、自由夹四个、乳胶管、橡胶塞、直角玻璃弯管、直玻璃管、烧杯

四、实验原理

离子交换法净化水是使自来水或天然水通过离子交换柱（内装有阴、阳离子交换树脂）除去水中杂质离子实现净化的方法。用此法得到的去离子水纯度较高，25℃时的电阻率达 $5×10^6\Omega\cdot cm$ 以上。

（1）离子交换树脂　离子交换树脂是一种人工合成且带有交换活性基团的多孔网状结构高分子化合物。它的特点是性质稳定，与酸、碱及一般有机溶剂都不反应。在其网状结构的骨架上，含有许多可与溶液中的离子起交换作用的"活性基团"。根据树脂可交换活性基团的不同，把离子交换树脂分为阳离子交换树脂和阴离子交换树脂两大类。

阳离子交换树脂特点是树脂中的活性基团可与溶液中的阳离子进行交换。例如：

$$Ar—SO_3^- H^+，Ar—COO^- H^+$$

Ar 表示树脂中网状结构的骨架部分。

活性基团中含有 H^+，可与溶液中的阳离子发生交换的阳离子交换树脂称为酸性阳离子交换树脂或 H 型阳离子交换树脂。按活性基团酸性强弱的不同，又分为强酸性、弱酸性离子交换树脂。例如 $Ar—SO_3H$ 为强酸性离子交换树脂（如国产"732"树脂）；$Ar—COOH$ 为弱酸性离子交换树脂（如国产"724"树脂）。应用最广泛的是强酸性磺酸型聚乙烯树脂。

阴离子交换树脂特点是树脂中的活性基团可与溶液中的阴离子进行交换。例如：

$$Ar—\overset{+}{N}H_3 OH^-，[Ar—\overset{+}{N}(CH_3)_3]OH^-$$

活性基团中含有 OH^-，可与溶液中阴离子发生交换的阴离子交换树脂称为碱性阴离子交换树脂或 OH 型阴离子交换树脂。按活性基团碱性强弱的不同，可分为强碱性、弱碱性离子交换树脂。例如 $[Ar—\overset{+}{N}(CH_3)_3]OH^-$ 为强碱性离子交换树脂（如国产"717"树脂）；$Ar—\overset{+}{N}H_3 OH^-$ 为弱碱性离子交换树脂（如国产"701"树脂）。

在制备去离子水时，使用强酸性和强碱性离子交换树脂，主要是由于它们具有较好的耐化学腐蚀性、耐热性与耐磨性；其次使用范围广，在酸性、碱性

及中性介质中都可以应用；再次离子交换效果好，并且对弱酸根离子可以进行交换。

(2) **离子交换法制备纯水原理** 离子交换法制备纯水是基于树脂中的活性基团和水中各种杂质离子间的可交换性。

离子交换过程是水中的杂质离子先通过扩散进入树脂颗粒内部，再与树脂活性基团中的 H^+ 或 OH^- 发生交换，被交换出来的 H^+ 或 OH^- 又扩散到溶液中去，并相互结合成 H_2O 的过程。

例如 $Ar-SO_3^- H^+$ 型阳离子交换树脂，交换基团中的 H^+ 与水中的阳离子杂质（如 Na^+、Ca^{2+} Mg^{2+}）进行交换后，使水中的 Na^+ Ca^{2+}、Mg^{2+} 等离子结合到树脂上，并交换出 H^+ 于水中。反应如下：

$$Ar-SO_3^- H^+ + Na^+ \rightleftharpoons Ar-SO_3^- Na^+ + H^+$$

$$2Ar-SO_3^- H^+ + Ca^{2+} \rightleftharpoons (Ar-SO_3^-)_2 Ca^{2+} + 2H^+$$

经过阳离子交换树脂交换后流出的水中有过剩的 H^+，因此呈酸性。

同样，水通过阴离子交换树脂，交换基团中的 OH^- 与水中的阴离子杂质（如 Cl^-、SO_4^{2-} 等）发生反应而交换出 OH^-。反应如下：

$$[Ar-\overset{+}{N}(CH_3)_3]^+ OH^- + Cl^- \rightleftharpoons [Ar-\overset{+}{N}(CH_3)_3]^+ OH^- + OH^-$$

经过阴离子交换树脂交换后流出的水中含有过剩的 OH^-，因此溶液显碱性。

由以上分析可知，如果将原水通过阴、阳混合离子交换树脂，则交换出来的 H^+、OH^- 又发生中和反应结合成水，从而得到高纯度的水。

$$H^+ + OH^- \Longrightarrow H_2O$$

在离子交换树脂上进行的交换反应是可逆的。杂质离子可以交换出树脂中 H^+ 和 OH^-，而 H^+、OH^- 又可以交换出树脂所包含的杂质离子。反应主要向哪个方向进行，与水中两种离子（H^+ 或 OH^- 与杂质离子）浓度的大小有关。当水中杂质离子较多时，杂质离子交换出树脂中的 H^+ 或 OH^- 占优势；但当水中杂质离子减少，树脂上的大量活性基团被杂质离子所交换时，则溶液中存在大量的 H^+ 或 OH^-，它们会把杂质离子从树脂上交换下来，使树脂又转换成 H 型或 OH 型。由于交换反应的这种可逆性，通常用一个阳离子交换柱和一个阴离子交换柱串联起来，所生产的水中仍有少量的杂质离子遗留。为进一步提高水质，可再串联一个由阳离子交换树脂和阴离子交换树脂均匀混合的交换柱,其作用相当于串联了很多个阳离子交换柱与阴离子交换柱,而且在交换柱床层任何部位的水都是中性的,减少了逆反应发生的可能性。

利用上述交换反应,既可以将原水中的杂质离子除去,达到纯化水的目的,又可以将盐型的失效树脂经过适当处理后重新复原,恢复交换能力,解决树脂循环使用的问题。后一过程称为树脂的再生。

另外,树脂一般具有多孔网状结构,有很强的吸附能力,可以除去电中性介质。又由于装有树脂的交换柱本身就是一个很好的过滤器,所以颗粒状杂质也能一同除去。

五、基本操作

(一)电导率仪的使用(参见 2.12 节)

(二)离子交换树脂的预处理、装柱和树脂再生

(1)树脂的预处理 ❶

732 型阳离子交换树脂的预处理:用自来水冲洗树脂至水为无色后,改用纯水浸泡 4~8h,再用 50g·L⁻¹盐酸溶液浸泡 4h。倾去盐酸溶液,用纯水洗至 pH 为 3~4 后用纯水浸泡备用。

717 型阴离子交换树脂的预处理:将树脂如上法漂洗和浸泡后,改用 50g·L⁻¹NaOH 溶液浸泡 4h。倾去 NaOH 溶液,用纯水洗至 pH 为 8~9 后用纯水浸泡备用。

(2)装柱 用离子交换法制备纯水或进行离子分离等操作要求在离子交换柱中进行。本实验中的交换柱采用 φ7mm 的玻璃管拉制而成,把玻璃管的下端拉成尖嘴,管长 16cm,在尖嘴上套一根细乳胶管,用小夹子控制出水速度。

离子交换树脂制备成需要的型号后(阳离子交换树脂处理成 H 型、阴离子交换树脂处理成 OH 型),浸泡在纯水中备用。

装柱的方法如下:

将离子交换柱底部的螺丝夹旋紧,再将少许湿润的玻璃棉塞在交换柱的下端,以防树脂漏出。然后在交换柱中加入柱高 1/3 的纯水,排除柱下部和玻璃棉中的空气。将处理好的湿树脂连同纯水一起加入交换柱中,同时调节螺丝小夹子让水缓慢流出(水的流速不能太快,防止树脂露出水面),并轻敲柱子,

---

❶ 商品的离子交换树脂(活性基)通常是盐型,主要有钠型(阳离子交换树脂)、氯型(阴离子交换树脂),它们比游离的酸型(H 型)或游离碱型(OH 型)稳定得多。但离子交换要求把树脂转变成指定形式,因而需要预处理。

使树脂均匀自然下沉。在装柱时，应防止树脂层中夹有气泡。装柱完毕，最好在树脂层的上面盖一层湿玻璃棉，以防加入溶液时把树脂层掀动。

（3）阳离子交换树脂的再生　按图 2-5 装置，在 50mL 的试剂瓶中装入约 $6\sim10$ 倍于阳离子交换树脂体积的 $2mol \cdot L^{-1}$（或 $50g \cdot L^{-1}$）HCl 溶液，通过虹吸管以每秒约 1 滴的流速淋洗树脂。可用夹子 2 控制酸液的流速，用夹子 1 控制树脂上液层的高度。注意在操作中切勿使液面低于树脂层。如此用酸淋洗，直到交换柱中流出液不含 Na^+ 为止（思考如何检验？）。然后用蒸馏水洗涤树脂，直至流出液的 $pH\approx6$。

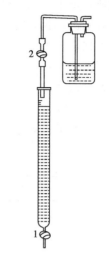

（4）阴离子交换树脂的再生　可用大约 $6\sim10$ 倍于阴离子交换树脂体积的 $2mol \cdot L^{-1}$（或 $50g \cdot L^{-1}$）NaOH 溶液。再生操作同（3），直至交换柱流出液中不含 Cl^- 为止（思考应如何检验 Cl^-？）。然后用蒸馏水淋洗树脂，直至流出液的 $pH\approx7\sim8$。

图 2-5　树脂再生装置

六、实验内容

（一）装柱

用两只 10mL 小量杯，分别量取再生过的阳离子交换树脂（湿）约 7mL 或阴离子交换树脂（湿）约 10mL。按照装柱操作要求进行装柱。第一柱中装入约 1/2 柱容积的阳离子交换树脂，第二柱中装入约 2/3 柱容积的阴离子交换树脂，第三个柱中装入约 2/3 柱容积的阴阳离子混合交换树脂（阳离子交换树脂与阴离子交换树脂按 1：2 体积比混合）。装毕，按图 2-6 所示将 3 个柱进行串联，在串联时同样使用纯水并注意尽量排出连接管内的气泡，以免液柱阻力过大使离子交换不畅通。

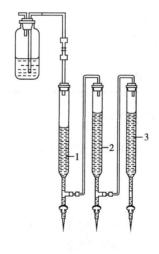

图 2-6　树脂交换装置图

（二）去离子水的制备与水质检验

依次使自来水（或原料水）流经阳离子交换柱、阴离子交换柱、混合离子交换柱。并依次接收原料水、阳离子交换柱流出水、阴离子交换柱流出水、混合离子交换柱流出水试样，进行以下项目检验。

（1）用电导率仪测定各试样水的电导率。

（2）取各试样水 2 滴分别放入点滴板的圆穴内，按表 2-3 方法检验 Ca^{2+}、Mg^{2+}、SO_4^{2-} 和 Cl^-。

将实验结果填入表 2-3 中，并根据检验结果作出结论。

表 2-3　样品水检验结果

	检验项目	电导率	pH	Ca^{2+}	Mg^{2+}	Cl^-	SO_4^{2-}
	检验方法	测电导率 κ / $(\mu S \cdot cm^{-1})$	pH 试纸	加入 1 滴 2mol·L^{-1} NaOH 溶液和 1 滴钙试剂溶液，观察有无红色溶液生成	加入 1 滴 2mol·L^{-1} NaOH 溶液和 1 滴镁试剂溶液，观察有无天蓝色溶液生成	加入 1 滴 2mol·L^{-1} 硝酸酸化，再加入 1 滴 0.1mol·L^{-1} 硝酸银溶液，观察有无白色沉淀生成	加入 1 滴 1mol·L^{-1} $BaCl_2$ 溶液，观察有无白色沉淀生成
试样水	自来水						
	阳离子交换柱流出水						
	阴离子交换柱流出水						
	混合离子交换柱流出水						

（三）再生

按基本操作中所述的方法再生阴、阳离子交换树脂。

思考题

（1）天然水中主要的无机盐杂质是什么？试述离子交换法净化水的原理。

（2）用电导率仪测定水纯度的根据是什么？某一水样测得的电导率很小，能否说明其纯度一定很高？

（3）在进行离子交换的操作过程中，为什么要控制一定的流速？交换柱中树脂层内为什么不允许出现气泡？应如何避免？

（4）为什么原料水经过阳离子交换柱、阴离子交换柱后，还要经过混合离子交换柱才能得到纯度较高的水？

（5）如何筛分混合的阴、阳离子交换树脂？

实验6　凝固点降低法测定摩尔质量

（4学时）

一、预习内容

（1）拉乌尔定律。

（2）分析天平的使用。

二、实验目的

（1）了解凝固点降低法测定溶质摩尔质量的原理及方法，加深对稀溶液依数性的理解。

（2）进一步练习移液管和分析天平的使用，练习刻度分度值为 0.1℃的温度计的使用。

三、主要仪器与试剂

秒表、分析天平（0.0001g）、温度计（100℃，0.1℃分度值）、移液管（25mL）、洗耳球、烧杯（500mL）、大试管、铁架台、放大镜、药匙、玻璃棒、金属丝搅拌棒、单孔软木塞

葡萄糖、粗食盐、冰

四、实验原理

难挥发非电解质稀溶液的凝固点降低与溶质 B 的质量摩尔浓度成正比：

$$\Delta T_f = K_f b_B \tag{1}$$

式中，ΔT_f 为稀溶液的凝固点降低值；b_B 为溶质 B 的质量摩尔浓度；K_f 为溶剂的凝固点降低常数。

根据溶质 B 质量摩尔浓度的定义，式（1）可改写为：

$$\Delta T_f = \frac{K_f m_B}{m_A M_B} \tag{2}$$

式中，m_B 为溶质 B 的质量；m_A 为溶剂 A 的质量；M_B 为溶质 B 的摩尔质量。

由式（2）可得：

$$M_B = \frac{K_f m_B}{m_A \Delta T_f} \tag{3}$$

若已知溶剂的 K_f，通过实验测得 ΔT_f，利用式（3）可求得溶质 B 的摩尔质量。

纯溶剂或溶液凝固点的测量常采用过冷法。

将纯溶剂逐渐降温至过冷，然后促使其结晶。当晶体生成时，放出的热使系统温度保持相对恒定，直到全部液体凝固后温度才会下降（图 2-7）。此相对恒定的温度即为纯溶剂的凝固点（T_f^*）。

溶液的冷却曲线与纯溶剂的不同，溶液的冷却曲线如图 2-8 所示。溶液冷却时，通常是溶剂先逐渐结晶析出，溶液的浓度逐渐增大，溶液的凝固点也进一步降低。因而溶液冷却曲线的相对水平段向下倾斜。因此，可将斜线延长使之与过冷前的冷却曲线相交，交点可看作是溶液的凝固点（T_f），本实验将溶液过冷后，温度回升的最高温度近似为溶液的凝固点（T_f）。

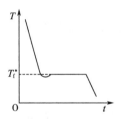

图 2-7　纯溶剂的冷却曲线

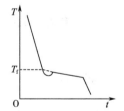

图 2-8　溶液的冷却曲线

五、实验步骤

（1）安装仪器　用移液管量取 25.00mL 蒸馏水，注入干燥大试管中。在分析天平上准确称量 1.3～1.4g 葡萄糖（准确至 0.001g），倒入盛有 25.00mL 蒸馏水的大试管中。待葡萄糖全部溶解后，用带有温度计和金属丝搅拌的软木塞将大试管口塞好，调节温度计的高度，使水银球全部浸入葡萄糖溶液中。在大烧杯中加入 2/3 体积的冰块和 1/3 体积的水，再放入 4 勺粗食盐，作为冰水浴。

（2）溶液凝固点的测量　按图 2-9 所示装置，将大试管放入冰水浴中，使溶液的液面低于冰水浴的液面，大试管固定在铁架台上。上下移动金属丝搅拌棒，使溶液慢慢冷却。待有固体开始析出时，停止搅拌。记录温度回升时的最高温度。取出大试管，使冰融化，再重复测量两次。三次测量值之差不能超过 0.05℃。

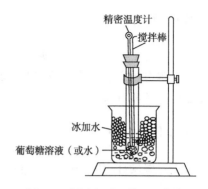

图 2-9　凝固点测量装置示意图

（3）溶剂凝固点的测量　洗净大试管、温度计和金属丝搅拌棒，放入约 20mL 蒸馏水，用上述方法测量溶剂的凝固点。再重复测量两次，三次测量值之差不超过 0.05℃。

（4）数据处理　求出三次实验测量值的平均值，利用式（3）计算出葡萄糖的摩尔质量。

思考题

（1）利用凝固点降低法可以测量哪些物质的摩尔质量？

（2）医学上常需配制等渗溶液，能否通过测量该溶液的凝固点降低值以确定该溶液是否为等渗溶液？以水为溶剂时，等渗溶液的凝固点降低值应是多少？

（3）严重过冷现象为什么会给实验结果带来较大误差？

（4）实验中所用溶液太浓或太稀会给实验结果带来什么影响？

实验7　化学反应速率、反应级数及活化能的测定

（4学时）

一、预习内容

（1）化学反应速率方程的确立。

（2）Arrhenius 公式的含义。

（3）秒表的使用。

二、实验目的

(1) 了解浓度、温度和催化剂对反应速率的影响。

(2) 掌握测定过二硫酸铵与 KI 反应的平均速率、反应级数、速率常数和活化能的原理和方法。

三、主要仪器与试剂

秒表、温度计（0~100℃）、烧杯、量筒、试管、玻璃棒、酒精灯、三脚架、石棉网

$(NH_4)_2S_2O_8$（0.2mol·L^{-1}）、$Na_2S_2O_3$（0.010mol·L^{-1}）、KI（0.2mol·L^{-1}）、淀粉溶液（2.0g·L^{-1}）、KNO_3（0.2mol·L^{-1}）、$(NH_4)_2SO_4$（0.2mol·L^{-1}）、$Cu(NO_3)_2$（0.020mol·L^{-1}）

四、实验原理

在水溶液中，过二硫酸铵与 KI 的反应如下：

$$(NH_4)_2S_2O_8 + 3KI = (NH_4)_2SO_4 + K_2SO_4 + KI_3$$

$$S_2O_8^{2-} + 3I^- = 2SO_4^{2-} + I_3^-$$

该反应的反应速率与浓度之间的关系为：

$$\nu = kc^x(S_2O_8^{2-})c^y(I^-)$$

若 $c(S_2O_8^{2-})$、$c(I^-)$ 为起始浓度，则反应速率为初速率 ν_0，k 是反应速率常数，x 与 y 之和是反应的总级数。

而平均反应速率为：

$$\bar{\nu} = \frac{-\Delta c(S_2O_8^{2-})}{\Delta t}$$

近似地用平均反应速率代替初速率：

$$\nu_0 = kc^x(S_2O_8^{2-})c^y(I^-) = \frac{-\Delta c(S_2O_8^{2-})}{\Delta t} \tag{1}$$

由于过硫酸铵与 KI 的反应是慢反应，所以在混合 $(NH_4)_2S_2O_8$ 和 KI 时，加入一定量已知浓度的 $Na_2S_2O_3$ 和淀粉溶液，则上述慢反应生成的 I_3^- 会发生如下快反应：

$$2S_2O_3^{2-} + I_3^- = S_4O_6^{2-} + 3I^-$$

联合两个快、慢反应可以看出，$S_2O_8^{2-}$、I_3^- 和 $S_2O_3^{2-}$ 有如下关系：

$$S_2O_8^{2-} \sim I_3^- \sim 2S_2O_3^{2-}$$

于是有：

$$\Delta c\ (S_2O_8^{2-}) = \frac{1}{2}\Delta c\ (S_2O_3^{2-}) \tag{2}$$

因此，在反应刚开始的一段时间内看不到 I_3^- 与淀粉反应所呈现的特有蓝色。当 $Na_2S_2O_3$ 耗尽时，才开始有 I_3^- 与淀粉作用开始变蓝。淀粉变蓝时，$-\Delta c\ (S_2O_3^{2-})$ 就是 $Na_2S_2O_3$ 的初始浓度，Δt 就是反应开始到蓝色出现时的反应时间。联合式（1）、式（2）可求出反应速率 ν_0。

如果固定 $Na_2S_2O_3$ 的初始浓度，改变 $c\ (S_2O_8^{2-})$ 和 $c\ (I^-)$，测得不同条件下的反应速率 ν_0，则通过式（1）就能确定反应级数 x、y 及速率常数 k 并得到反应速率方程。

再根据阿仑尼乌斯公式：

$$\ln k = -\frac{E_a}{RT} + \lg A \tag{3}$$

以 $\lg k$ 对 $1/T$ 作图，直线的斜率为 $\dfrac{-E_a}{R}$，便可求得活化能 E_a。其中，$E_a = 51.8\text{kJ} \cdot \text{mol}^{-1}$（理论值）。

五、实验内容

（一）浓度对化学反应速率的影响

在室温条件下，按表 2-4 中实验编号 1 的用量，分别用量筒量取 KI、$Na_2S_2O_3$ 和淀粉溶液于 150mL 烧杯中，用玻璃棒搅拌均匀。再用量筒量取 $(NH_4)_2S_2O_8$ 溶液，迅速加到盛有混合溶液的烧杯中，立刻用玻璃棒将溶液搅拌均匀，同时按动秒表计时，观察溶液。待溶液刚出现蓝色立即停止计时，记录反应时间。

用同样方法进行表 2-4 中实验编号 2～5 的实验。

表 2-4　浓度对反应速率的影响

	实验编号	1	2	3	4	5
V/mL	$0.20\text{mol} \cdot \text{L}^{-1}\text{KI}$	20.0	20.0	20.0	10.0	5.0
	$0.010\text{mol} \cdot \text{L}^{-1}\ Na_2S_2O_3$	8.0	8.0	8.0	8.0	8.0
	$2.0\text{g} \cdot \text{L}^{-1}$淀粉溶液	4.0	4.0	4.0	4.0	4.0
	$0.20\text{mol} \cdot \text{L}^{-1}\ KNO_3$	0	0	0	10.0	15.0
	$0.20\text{mol} \cdot \text{L}^{-1}\ (NH_4)_2SO_4$	0	10.0	15.0	0	0

实验编号		1	2	3	4	5
V/mL	0.20mol·L^{-1} $(NH_4)_2S_2O_8$	20.0	10.0	5.0	20.0	20.0
混合液中反应物的起始浓度/ (mol·L^{-1})	$(NH_4)_2S_2O_8$					
	KI					
	$Na_2S_2O_3$					
反应时间 Δt/s						
$S_2O_8^{2-}$ 浓度变化 Δc ($S_2O_8^{2-}$)/(mol·L^{-1})						
反应速率 ν_0 /(mol·L^{-1}·s^{-1})						
$k=\dfrac{\nu_0}{c^x(S_2O_8^{2-})\ c^y(I^-)}$						
$\bar{k}$						
x						
y						

为了使溶液的离子强度和总体积不变，在编号 2～5 的实验中，缺少的 KI 或 $(NH_4)_2S_2O_8$ 分别用 KNO_3 或 $(NH_4)_2SO_4$ 溶液补足。

(二) 温度对化学反应速率的影响

按表 2-4 实验编号 4 的用量，分别将 KI、$Na_2S_2O_3$、KNO_3 和淀粉溶液加入 150mL 烧杯中，用玻璃棒搅拌均匀；再向一个大试管中加入 $(NH_4)_2S_2O_8$ 溶液。将烧杯和试管同时放入热水浴中。在 30℃时，把试管中的 $(NH_4)_2S_2O_8$ 溶液迅速倒入烧杯中，搅拌，同时按动秒表计时。当溶液刚出现蓝色时，停止计时。记录反应时间和温度。

在 40℃时重复上述实验，记录反应时间和温度。

将实验数据填入表 2-5 中，比较温度对反应速率的影响。

表 2-5　温度对反应速率的影响

实验编号	4	6	7
温度/℃	室温	30	40
温度/K			
反应速率 ν/(mol·L^{-1}·s^{-1})			
速率常数			
E_a /(kJ·mol^{-1})			

（三）催化剂对化学反应速率的影响

按表 2-4 实验编号 4 的用量，分别将 KI、$Na_2S_2O_3$、KNO_3 和淀粉溶液加入 150mL 烧杯中，再加入 2 滴 0.020mol·$L^{-1}$$Cu(NO_3)_2$ 溶液，用玻璃棒搅拌均匀；迅速加入 $(NH_4)_2S_2O_8$ 溶液，搅拌，记录反应时间。将此反应速率与表 2-5 中的实验编号 4 的反应速率比较，可得到什么结论？

六、数据处理

通过表 2-4 实验测定的初始浓度及反应速率关系，计算出反应速率方程中反应的速率常数 k 及反应级数 x，y。

通过表 2-5 实验测定的不同温度下的反应速率及表 2-4 确定的反应级数，运用 Arrhenius 公式求出不同温度下的速率常数、活化能。

思考题

（1）若不用 $S_2O_8^{2-}$，而用 I^- 或 I_3^- 浓度的变化来表示反应速率，则反应速率常数 k 是否一样？

（2）向 KI、$Na_2S_2O_3$、KNO_3 和淀粉溶液加入 $(NH_4)_2S_2O_8$ 溶液时，为什么越快越好？

（3）操作过程中量取 $(NH_4)_2S_2O_8$ 需单独用一量筒，另外所有的溶液可共用一量筒，为什么？

（4）实验过程中当蓝色出现时，反应是否已经停止了？

实验8 酸碱解离平衡和沉淀溶解平衡

（4学时）

一、预习内容

（1）离心机的使用。

（2）弱电解质的解离平衡、平衡常数、平衡移动原理。

（3）溶度积规则。

（4）pH 试纸的使用。

二、实验目的

(1) 了解弱电解质的解离平衡及平衡移动原理。

(2) 掌握缓冲溶液的配制方法，了解缓冲溶液的性质。

(3) 了解难溶电解质的多相离子平衡及溶度积规则的运用。

(4) 学习液体及固体的分离以及 pH 试纸的使用等基本操作。

三、主要仪器与试剂

酸式滴定管（50mL）、碱式滴定管（50mL）、吸量管（1mL、10mL、20mL）、洗耳球、离心机、离心管、试管、烧杯（50mL）、量筒（10mL）、试管架、滴管、药匙、玻璃棒、广泛 pH 试纸、精密 pH 试纸

$NaAc$（s）、NH_4Cl（s）、HCl（$0.1mol \cdot L^{-1}$、$1mol \cdot L^{-1}$、$2mol \cdot L^{-1}$）、HAc（$0.1mol \cdot L^{-1}$、$0.2mol \cdot L^{-1}$、$2mol \cdot L^{-1}$）、NaOH（$0.1mol \cdot L^{-1}$、$1mol \cdot L^{-1}$、$2mol \cdot L^{-1}$）、氨水（$0.1mol \cdot L^{-1}$、$2mol \cdot L^{-1}$）、Na_2HPO_4（$0.2mol \cdot L^{-1}$）、KH_2PO_4（$0.2mol \cdot L^{-1}$、$2mol \cdot L^{-1}$）、$Pb(NO_3)_2$（$0.1mol \cdot L^{-1}$、$0.001mol \cdot L^{-1}$）、KI（$0.1mol \cdot L^{-1}$、$0.001mol \cdot L^{-1}$）、$NaAc$（$0.1mol \cdot L^{-1}$、$0.2mol \cdot L^{-1}$）、$MgCl_2$（$0.1mol \cdot L^{-1}$）、饱和 NH_4Cl 溶液、Na_2S（$0.1mol \cdot L^{-1}$）、K_2CrO_4（$0.1mol \cdot L^{-1}$）、NaCl（$10g \cdot L^{-1}$、$1mol \cdot L^{-1}$）、甲基橙（$1g \cdot L^{-1}$）、酚酞（$1g \cdot L^{-1}$）

四、实验原理

(1) 弱电解质解离　弱酸或弱碱等一类弱电解质在水溶液中是部分解离的，解离出来的离子与未电离的弱电解质分子之间处于平衡状态。例如，一元弱酸 HA 在水溶液中存在下列解离平衡：

$$HA + H_2O \rightleftharpoons H_3O^+ + A^-$$

当达到解离平衡时：

$$K_a^{\ominus}(HA) = \frac{[c_{eq}(H_3O^+)/c^{\ominus}][c_{eq}(A^-)/c^{\ominus}]}{c_{eq}(HA)/c^{\ominus}}$$

一元弱酸 HA 和一元弱碱 A^- 溶液中的 H_3O^+ 或 OH^- 浓度可分别按下列式近似计算：

$$\frac{c_{eq}(H_3O^+)}{c^{\ominus}} = \sqrt{\frac{c(HA) \, K_a^{\ominus}(HA)}{c^{\ominus}}}$$

$$\frac{c_{eq}(OH^-)}{c^{\ominus}}=\sqrt{\frac{c(A^-)\ K_b^{\ominus}(A^-)}{c^{\ominus}}}$$

在 HA 的水溶液中，如果加入含有相同离子的强电解质，增大了 A^- 或 H^+ 的浓度，都能使 HA 的解离平衡逆向移动，降低 HA 的解离度，这种作用称同离子效应。

(2) 缓冲溶液　缓冲溶液具有抵抗少量外来的强酸、强碱的加入或稀释而其 pH 基本保持不变的能力。缓冲溶液一般由弱酸和其共轭碱组成，HA-A^- 缓冲溶液的 pH 可用下式计算：

$$pH=pK_a^{\ominus}(HA)\ +lg\frac{c(A^-)}{c(HA)}$$

上式表明，缓冲溶液的 pH 取决于弱酸的解离常数及溶液中弱酸与其共轭碱的浓度比。

配制缓冲溶液时，若使用相同浓度的弱酸和其共轭碱，则可用体积比代替浓度比。上式可改写为：

$$pH=pK_a^{\ominus}(HA)\ +lg\frac{V(A^-)}{V(HA)}$$

由上式计算所得的 pH 为近似值。要准确计算所配制溶液的 pH，必须考虑离子强度、温度等因素的影响。

(3) 难溶强电解质　在难溶强电解质的饱和溶液中，未溶解的固体与溶解后产生的离子之间存在着多相离子平衡。例如，在含有 AgCl 沉淀的溶液中，存在着下列溶解平衡。

$$AgCl(s)\ \Longrightarrow Ag^+(aq)\ +\ Cl^-(aq)$$

平衡时平衡常数表达式为：

$$K_{sp}^{\ominus}=\frac{c_{eq}(Ag^+)}{c^{\ominus}}\times\frac{c_{eq}(Cl^-)}{c^{\ominus}}$$

对于上述 AgCl 沉淀的溶液，任何时候都有

$$Q_i=\frac{c(Ag^+)}{c^{\ominus}}\times\frac{c(Cl^-)}{c^{\ominus}}$$

$Q_i<K_{sp}^{\ominus}$，沉淀溶解；

$Q_i>K_{sp}^{\ominus}$，为过饱和溶液，有沉淀析出；

$Q_i=K_{sp}^{\ominus}$，饱和溶液。

若向难溶强电解质溶液中加入含有相同离子的易溶强电解质，将会使该难溶电解质的溶解度降低，这种作用也称为同离子效应。

若溶液中含有两种或两种以上的离子，加入某种沉淀剂都能生成沉淀，则生成沉淀的先后顺序决定于所需该种沉淀剂浓度的高低，需较低浓度的先沉

淀，需较高浓度的后沉淀。使一种难溶强电解质转化为另一种难溶强电解质，即把一种沉淀转化为另一种沉淀的过程，称为沉淀的转化。对于同一类型的难溶强电解质，溶度积大的可以转化为溶度积小的更难溶电解质沉淀。

五、实验内容

（一）测定溶液的 pH

用 pH 试纸测定 $0.1mol \cdot L^{-1}$ HCl、$1mol \cdot L^{-1}$ HCl、$0.1mol \cdot L^{-1}$ HAc、$0.1mol \cdot L^{-1}$ NaOH、$1mol \cdot L^{-1}$ NaOH、$0.1mol \cdot L^{-1}$ 氨水溶液的 pH，并与计算值进行比较。用剪刀将 pH 试纸剪成小片于点滴板上，再用玻璃棒分别蘸上述溶液到小片 pH 试剂纸上，pH 试剂纸的颜色发生变化后，与标准比色卡比较确定其 pH。

（二）同离子效应

（1）取 2mL $0.1mol \cdot L^{-1}$ HAc 液倒入试管中，滴入 1 滴甲基橙指示剂，观察溶液的颜色。然后再加入少量 NaAc 固体，观察溶液颜色的变化，并解释上述现象。

（2）取 2mL $0.1mol \cdot L^{-1}$ 氨水倒入试管中，滴入 1 滴酚酞指示剂，观察溶液的颜色变化。然后再加入少量 NH_4Cl 固体，观察溶液颜色的变化，并解释上述现象。

（三）缓冲溶液的配制

（1）计算配制 pH 为 5.06 的缓冲溶液 20mL 所需 $0.1mol \cdot L^{-1}$ HAc 溶液（$pK_a^{\ominus} = 4.76$）和 $0.1mol \cdot L^{-1}$ NaAc 溶液的体积。再根据计算结果，用酸式滴定管放取 $0.1mol \cdot L^{-1}$ HAc 溶液，用碱式滴定管放取 NaAc 溶液，置于 50mL 烧杯中混匀。用精密 pH 试纸测量，并用 $2mol \cdot L^{-1}$ HAc 溶液或 NaOH 溶液调 pH 为 5.06。

（2）计算配制溶液 pH 为 6.96 的缓冲溶液 60mL 所需 $0.2mol \cdot L^{-1}$ Na_2HPO_4 溶液和 $0.2mol \cdot L^{-1}$ KH_2PO_4 溶液（$pK_a^{\ominus} = 7.20$）的体积。用滴定管分别放取 Na_2HPO_4 和 KH_2PO_4 溶液于 150mL 烧杯中混匀，用精密 pH 试纸测量并用 $2mol \cdot L^{-1}$ NaOH 溶液或 $2mol \cdot L^{-1}$ KH_2PO_4 溶液调 pH 为 6.96，保留备用。

（四）缓冲溶液的性质

按表 2-6 的体积用 20mL 吸量管量取各种溶液，并用精密 pH 试纸测量。

根据加入酸、碱或纯水前后 pH 的变化，说明缓冲溶液的性质。

表 2-6　缓冲溶液中加入酸、碱或纯水后对 pH 的影响

编号	缓冲溶液	pH1	加入的酸、碱或纯水	pH2
1	20mL 0.2mol·L^{-1} HAc-NaAc		0.25mL 1mol·L^{-1} HCl	
2	20mL 0.2mol·L^{-1} HAc-NaAc		0.25mL 1mol·L^{-1} NaOH	
3	20mL 0.1mol·L^{-1} HAc-NaAc		20mL 纯水	
4	20mL 10g·L^{-1} NaCl		0.25mL 1mol·L^{-1} HCl	
5	20mL 10g·L^{-1} NaCl		0.25mL 1mol·L^{-1} NaOH	
6	20mL 0.1mol·L^{-1} HAc-NaAc		0.25mL 1mol·L^{-1} HCl	
7	20mL 0.1mol·L^{-1} HAc-NaAc		0.25mL 1mol·L^{-1} NaOH	

（五）沉淀的生成和溶解

（1）在试管中加入 1mL 0.1mol·L^{-1} Pb(NO$_3$)$_2$ 溶液，再加入 1mL 0.1mol·L^{-1} KI 溶液，观察有无沉淀生成？试说明原因。

（2）在试管中加入 1mL 0.001mol·L^{-1} Pb(NO$_3$)$_2$ 溶液和在试管中加入 0.001mol·L^{-1} KI 溶液，有无沉淀生成？试说明原因。

（3）在两支试管中分别加入 0.1mol·L^{-1} MgCl$_2$ 溶液，并逐滴加入 2mol·L^{-1} 氨水至有白色沉淀生成，然后再向第一支试管中滴加 2mol·L^{-1} HCl 溶液，向第二支试管中滴加饱和 NH$_4$Cl 溶液，观察两支试管中的沉淀是否溶解。加入 HCl 和 NH$_4$Cl 对 Mg(OH)$_2$ (s) $\rightleftharpoons$ Mg^{2+}(aq) + 2OH$^-$(aq) 平衡各有何影响？

（六）分步沉淀

在试管中滴入 2 滴 0.1mol·L^{-1} Na$_2$S 溶液和 5 滴 0.1mol·L^{-1} K$_2$CrO$_4$ 溶液，用蒸馏水稀释至 5mL，然后逐滴加入 0.1mol·L^{-1} Pb(NO$_3$)$_2$ 溶液，观察生成沉淀的颜色。待沉淀沉降后，继续向溶液中滴加 Pb(NO$_3$)$_2$ 溶液，会出现什么颜色的沉淀？试解释上述现象。

（七）沉淀的转化

在离心试管中滴入 5 滴 0.1mol·L^{-1} Pb(NO$_3$)$_2$ 溶液和 3 滴 1mol·L^{-1} NaCl 溶液，振荡离心试管。待沉淀完全后，离心分离，然后向 PbCl$_2$ 沉淀中滴加 3 滴 0.1mol·L^{-1} KI 溶液，观察沉淀颜色的变化。说明原因，并写出有关的化学反应方程式。

思考题

（1）为什么配制的缓冲溶液理论计算值与实验测定值有差异？

（2）同离子效应对弱电解质的解离度及难溶强电解质的溶解度各有什么影响？联系实验说明。

实验9 氧化还原反应和氧化还原平衡

（4学时）

一、预习内容

（1）原电池的组成。

（2）伏特计的使用。

（3）能斯特方程。

二、实验目的

（1）掌握影响电极电势大小的因素及其递变规律。

（2）掌握氧化还原反应方向、产物、速率与电极电势大小的关系。

（3）了解原电池的组成及电池电动势的测定。

三、主要仪器与试剂

试管、烧杯（50mL）、表面皿、酒精灯、玻璃棒、石棉网、铁架台、伏特计、微安表、盐桥、开关、导线、电极（铁片、炭棒）、砂纸、蓝色石蕊试纸、铜片、锌粒

KI（$0.1mol \cdot L^{-1}$）、$FeCl_3$（$0.1mol \cdot L^{-1}$）、CCl_4（l）、$SnCl_4$（$0.1mol \cdot L^{-1}$）、$FeSO_4$（$1mol \cdot L^{-1}$、$0.1mol \cdot L^{-1}$）、$K_2Cr_2O_7$（$0.5mol \cdot L^{-1}$）、KSCN（$0.1mol \cdot L^{-1}$）、HNO_3（浓、$6mol \cdot L^{-1}$、$2mol \cdot L^{-1}$、$0.5mol \cdot L^{-1}$）、H_2SO_4（$3mol \cdot L^{-1}$、$1mol \cdot L^{-1}$）、HAc（$6mol \cdot L^{-1}$、$1mol \cdot L^{-1}$）、NaOH（$6mol \cdot L^{-1}$）、$Pb(NO_3)_2$（$0.5mol \cdot L^{-1}$、$1mol \cdot L^{-1}$）、$KMnO_4$（$0.001mol \cdot L^{-1}$）、Na_2SO_3（$0.1mol \cdot L^{-1}$）、Na_2SiO_3（$0.5mol \cdot L^{-1}$）、

$H_2C_2O_4$ （0.1mol·L^{-1}）

四、实验原理

对于任意一个氧化还原反应：

$$m M（Ox）+n N（Red）\rightleftharpoons p M（Red）+q N（Ox）$$

其能斯特方程式为：

$$E = E^{\ominus} - \frac{RT}{zF}\ln Q$$

其中，E 表示电池电动势；$E^{\ominus}$ 表示标准电池电动势；z 表示电子转移数；Q 表示反应熵。

对于任一电极反应：

$$m M（Ox）+z e^{-}\rightleftharpoons p M（Red）$$

其能斯特方程式可表示为：

$$\varphi = \varphi^{\ominus} + \frac{RT}{zF}\ln\frac{\alpha^{m}[M(Ox)]}{\alpha^{p}[M(Red)]}$$

其中，φ 表示电极电势；$\varphi^{\ominus}$ 表示标准电极电势；α 表示活度；m、p 分别表示氧化态、还原态的计量系数。

电极电势的大小不仅与上述方程式中氧化态和还原态的活度有关，还与溶液的酸度、介质的浓度有关系。

氧化还原反应总是朝着 $E > 0$ 的方向进行。

五、实验内容

（一）比较电极电势大小

（1）在试管中滴加 2mL 0.1mol·L^{-1} KI 溶液，再滴加 2mL 0.1mol·L^{-1} FeCl$_3$溶液，摇匀后，加入 0.5mL CCl$_4$，充分振荡，观察 CCl$_4$ 层颜色有无变化。

（2）在试管中滴加 2mL 0.1mol·L^{-1} KI 溶液，再滴加 2mL 0.1mol·L^{-1} SnCl$_4$ 溶液，摇匀后，加入 0.5mL CCl$_4$，充分振荡，观察 CCl$_4$ 层颜色有无变化。

试根据实验结果，比较 I_2/I^-、Sn^{4+}/Sn^{2+}、Fe^{3+}/Fe^{2+} 三个电对电极电势的相对大小，并找出其中最强氧化剂和最强还原剂。

（二）氧化剂、还原剂的浓度，介质的酸度对电极电势的影响

（1）在两只 50mL 小烧杯中，分别加入 30mL 0.5mol·L^{-1} FeSO$_4$溶液和 0.5mol·L^{-1} K$_2$Cr$_2$O$_7$ 溶液，在 FeSO$_4$ 溶液中插入 Fe 片，在 K$_2$Cr$_2$O$_7$ 溶液

中插入炭棒，将铁片和炭棒通过导线分别与伏特计的负极及正极相接，中间以盐桥相通，测量两电极之间的电势差。

（2）在装有 $FeSO_4$ 溶液的烧杯中缓慢滴加 5mL 0.1mol·L^{-1} KSCN 溶液，观察伏特计读数变化。

（3）在装有 $K_2Cr_2O_7$ 溶液的烧杯中，缓慢加入 5mL 3mol·L^{-1} 的硫酸，观察伏特计读数变化。

（4）在装有 $K_2Cr_2O_7$ 溶液的烧杯中，缓慢加入 5mL 0.1mol·L^{-1} KI 溶液，观察伏特计读数变化。

（三）浓度、酸度对氧化还原产物的影响

（1）向两支试管中各加入 1 片小铜片，分别加入 2mL 浓 HNO_3、2mol·L^{-1} HNO_3 溶液，观察所产生的现象。

（2）向两支试管中各加入 1 粒锌粒，分别加入 2mL 浓 HNO_3、6mol·L^{-1} HNO_3 溶液、2mol·L^{-1} HNO_3 溶液和 0.5mol·L^{-1} 的极稀 HNO_3 溶液，观察所产生的现象。

（3）在三支试管中，各加入 0.5mL 0.1mol·L^{-1} Na_2SO_3 溶液，在第一支试管中加入 0.5mL 1mol·L^{-1} H_2SO_4 溶液，在第二支试管中加入 0.5mL 水，在第三支试管中加入 0.5mL 6mol·L^{-1} NaOH 溶液，然后分别再各加入 2 滴 0.001mol·L^{-1} $KMnO_4$ 溶液，观察反应产物有何不同，写出反应方程式。

（四）浓度、酸度、温度、催化剂对氧化还原反应速率的影响

（1）在两支试管中分别加入 3 滴 0.5mol·L^{-1} $Pb(NO_3)_2$ 溶液和 3 滴 1mol·L^{-1} $Pb(NO_3)_2$ 溶液，后各加入 30 滴 1mol·L^{-1} HAc 溶液。混匀后，再逐滴加入 0.5mol·L^{-1} Na_2SiO_3 26 滴，摇匀，用蓝色石蕊试纸检查溶液仍呈弱酸性。在 90℃水浴中加热至试管中出现乳白色透明凝胶，取出试管，冷却至室温。在两支试管中同时插入表面积相同的锌片，观察两支试管中"铅树"生长速率的快慢，并说明原因，写出反应方程式。

（2）在两支试管中，各加入 0.5mL 0.1mol·L^{-1} Na_2SO_3 溶液，在第一支试管中加入 0.5mL 1mol·L^{-1} H_2SO_4 溶液，在第二支试管中加入 0.5mL 6mol·L^{-1} HAc 溶液。各加入 2 滴 0.001mol·L^{-1} $KMnO_4$ 溶液，观察两支试管中紫红色褪去的速度，写出反应方程式。

（3）在两支试管中，各加入 0.5mL 0.1mol·L^{-1} $H_2C_2O_4$ 溶液、2 滴 1mol·L^{-1} H_2SO_4 溶液，然后各加入 1 滴 0.001mol·L^{-1} $KMnO_4$ 溶液，摇匀。将其中一支试管放入 80℃水浴中加热，另一支试管不加热，观察两支试管中紫红色褪去的速度，写出反应方程式。

思考题

(1) 为什么 $K_2Cr_2O_7$ 能氧化浓盐酸中的 Cl^-，而不能氧化氯化钠中的 Cl^-？

(2) 影响电极电势的因素有哪些？

实验10 磺基水杨酸合铜(Ⅱ)的组成和标准稳定常数的测定

(4学时)

一、预习内容

(1) 配合物的组成和结构。

(2) 分光光度法的测试原理和分光光度计的使用。

(3) 酸度计的使用。

二、实验目的

(1) 了解用分光光度法测定配合物的组成及标准稳定常数的原理和方法。

(2) 学会分光光度计的使用及有关实验数据的处理方法。

(3) 学会酸度计的使用。

三、主要仪器与试剂

可见分光光度计，容量瓶（50mL，13 只），移液管（5mL，2 只），洗耳球，玻璃棒，擦镜纸

$Cu(NO_3)_2$（$0.0100mol \cdot L^{-1}$）、磺基水杨酸（$0.0100mol \cdot L^{-1}$）、HAc-NaAc（$0.1mol \cdot L^{-1}$，pH=5）、KNO_3（$0.5mol \cdot L^{-1}$）

四、实验原理

磺基水杨酸结构式为 $\underset{HO}{\overset{HOOC}{\diagdown}}\!\!\!\!\!\!\bigcirc\!\!\!\!\!\!-SO_3H$ ，简式为 H_3L，是弱酸，其一级解离常数 $K_{a1}^{\ominus}=3\times10^{-3}$，与 Cu^{2+} 可以形成稳定的配合物。溶液的 pH 不同，与

Cu^{2+} 形成配合物的组成也不同。磺基水杨酸溶液是无色的，在 pH 约为 5 时，与 Cu^{2+} 生成亮绿色的 1∶1 的配合物；在 pH＞8.5 时，生成深绿色 1∶2 的配合物（有 2 个配位体）。

测定配合物的组成常用分光光度计，其前提条件是溶液中的中心离子和配位体都对入射光无吸收，只有它们所形成的配合物对入射光有吸收。因而本实验选用在 pH＝5 的溶液、入射波长为 440nm 的单色光下进行测定。在此波长下，磺基水杨酸对入射光无吸收，Cu^{2+} 也几乎无吸收（也可采用试剂空白消除），而它们形成的配合物 $[CuL_n]^{2-n}$ 对入射光有强吸收作用。用分光光度计测出其吸光度，根据朗伯-比耳定律（$A = \varepsilon b c$）计算出配合物的浓度。

本实验采用等物质的量系列法进行测定。等物质的量系列法是保持溶液中中心离子（M）与配位体（L）总浓度不变，改变中心离子与配位体的相对量，配制一系列溶液。其比值 $c(M)/c(L)$ 不断变化。在这一系列溶液中，一些溶液中心离子过量，一些溶液配位体过量。这两种情况下配合物的浓度都不能到最大值。只有当溶液中的金属离子与配位体的物质的量之比与配位体的组成一致时，配合物的浓度才最大，吸光度也最大。

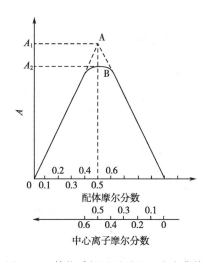

图 2-10　等物质的量系列法吸光度曲线

若以吸光度 A 对配体的摩尔分数 $x(L) = c(L)/c(M)+c(L)$ 作图或对中心离子的摩尔分数 $x(M) = c(M)/c(M)+c(L)$ 作图，得图 2-10。从图中最大吸收峰处可求得配合物的配位数 $n = x(L)/x(M)$。此图最大吸收峰处配位体和金属离子的摩尔分数均为 0.5，可知此配位数 $n=1$。

由图 2-10 可看出 A 点的吸光度 A_1 是 M 与配体全部形成配合物时的吸光度；B 点的吸光度是配合物发生部分解离而剩余的未解离配合物的吸光度。因此，配离子的解离度为：

$$\alpha = \frac{c(ML) - c_{eq}(ML)}{c(ML)} = \frac{A_1 - A_2}{A_1}$$

再根据 1∶1 配离子的解离关系，可推出条件稳定常数 K'。

对于配位平衡　　　　　　　　$ML \rightleftharpoons M+L$

平衡浓度　　　　　　　　$c - c\alpha$　　$c\alpha$　　$c\alpha$

$$K'(\text{ML}) = \frac{c(\text{ML})}{c(\text{M})c(\text{L})} = \frac{1-\alpha}{c\alpha^2}$$

式中，c 对应于配体摩尔分数为 0.5 时加入的金属离子的浓度。

由于磺基水杨酸根离子 L^{3-} 在 pH＝5 左右时，有结合 H^+ 的倾向，可生成 HL^{2-}、H_2L^-、H_3L，所以配合物的标准稳定常数需要校正。

$$\lg K^{\ominus} = \lg K' + \lg \alpha(H)$$

式中，$\alpha(H)$ 为酸效应系数。pH＝5 时，$\lg\alpha(H)=6.6$。

五、实验内容

（一）系列溶液的配制

按表 2-7 中所列溶液的体积，用吸量管移取并与相同浓度的 $Cu(NO_3)_2$ 溶液和磺基水杨酸溶液混合于 50mL 容量瓶中，逐一加入 $0.5mol \cdot L^{-1} KNO_3$ 溶液 5.00mL，最后用 pH 为 5 的缓冲溶液稀释至刻度，混匀，放置待测。

表 2-7 系列溶液的配制及其混合溶液、空白溶液的吸光度

溶液编号	$V(KNO_3)$/mL	$V[Cu(NO_3)_2]$/mL	$V(H_3L)$/mL	$\dfrac{V(Cu^{2+})}{V(Cu^{2+})+V(H_3L)}$	A_1	A_2	$\overline{A}$
1	5.00	24.00	0.00				
2	5.00	22.00	2.00				
3	5.00	20.00	4.00				
4	5.00	18.00	6.00				
5	5.00	16.00	8.00				
6	5.00	14.00	10.00				
7	5.00	12.00	12.00				
8	5.00	10.00	14.00				
9	5.00	8.00	16.00				
10	5.00	6.00	18.00				
11	5.00	4.00	20.00				
12	5.00	2.00	22.00				
13	5.00	0.00	24.00				

（二）空白溶液的配制

另取 13 个 50mL 容量瓶，依次加入 $0.0100mol \cdot L^{-1}$ $Cu(NO_3)_2$ 溶液 24.00mL、22.00mL、20.00mL、18.00mL、16.00mL、14.00mL、12.00mL、10.00mL、8.00mL、6.00mL、4.00mL、2.00mL、0.00mL，再逐一加入 $0.5mol \cdot L^{-1}$ KNO_3 溶液 5.00mL。最后分别用 pH 为 5 的缓冲溶液稀释至刻度，放置待测。

（三）系列溶液吸光度的测定

以相应的空白溶液作对照，在 440nm 波长下测定表 2-7 系列溶液的吸光度。每组测定两次，记录到表 2-7 中，求其平均值（$\overline{A}$）。以吸光度 A 对配位体 L 的摩尔分数 $x(L)$ 作图，从图中找出最大吸收峰，求出配合物的组成和稳定常数。

思考题

(1) 本实验中 HAc-NaAc 缓冲溶液的作用是什么？
(2) 含有相同量 Cu^{2+} 的空白溶液的作用是什么？

实验11 主族金属（碱金属、碱土金属、铝、锡、铅、锑、铋）

（4 学时）

一、预习内容

(1) 元素电势、价电子构型与元素及化合物的性质的关系。
(2) 焰色反应操作。
(3) 碱金属的取用操作。
(4) 主要氢氧化物及盐的特性。

二、实验目的

(1) 掌握碱金属、碱土金属单质的活泼性强弱及其使用安全。

（2）熟悉碱金属、碱土金属、铝、锡、铅、锑、铋的氢氧化物及盐的溶解性。

（3）了解焰色反应。

（4）掌握 Na^+、K^+ 的鉴定。

三、主要仪器和试剂

小刀、镊子、瓷坩埚、坩埚钳、烧杯、试管、温度计、滤纸、pH 试纸

金属钠、金属钾、镁条、铝片、NaAc（s）、LiCl（s）、NaCl（s）、KCl（s）、$MgCl_2$（$0.5mol \cdot L^{-1}$）、$CaCl_2$（$0.5mol \cdot L^{-1}$）、$BaCl_2$（$0.5mol \cdot L^{-1}$）、$SrCl_2$（$0.1mol \cdot L^{-1}$）、K_2CrO_4（$0.5mol \cdot L^{-1}$）、HAc（$6.0mol \cdot L^{-1}$）、HCl（$1.0mol \cdot L^{-1}$、$2.0mol \cdot L^{-1}$、$6.0mol \cdot L^{-1}$、浓）、$(NH_4)_2C_2O_4$（$0.5mol \cdot L^{-1}$）、$Na_3[Co(NO_2)_6]$（$0.5mol \cdot L^{-1}$）、$K[Sb(OH)_6]$（$0.5mol \cdot L^{-1}$）、KOH（$6.0mol \cdot L^{-1}$）、NaOH（$2.0mol \cdot L^{-1}$、$6.0mol \cdot L^{-1}$）、$AlCl_3$（$0.5mol \cdot L^{-1}$）、$SnCl_2$（$0.5mol \cdot L^{-1}$）、$Pb(NO_3)_2$（$0.5mol \cdot L^{-1}$）、$SbCl_3$（$0.5mol \cdot L^{-1}$）、$Bi(NO_3)_3$（$0.5mol \cdot L^{-1}$）、$SnCl_4$（$0.5mol \cdot L^{-1}$）、Na_2S（$1.0mol \cdot L^{-1}$）、$(NH_4)_2S_x$（$1.0mol \cdot L^{-1}$），H_2S（$0.1mol \cdot L^{-1}$）

四、实验原理

碱金属价电子构型为 ns^1，碱土金属价电子构型为 ns^2，它们的价电子极易失去，具有很强的还原性。

碱土金属（M）在空气中燃烧时，生成正常氧化物 MO，同时生成相应的氮化物 M_3N_2，这些氮化物遇水时能生成氢氧化物，并放出氨气。

钠、钾在空气中燃烧生成过氧化钠、超氧化钾。

碱金属和碱土金属密度较小，易与空气、水反应，需保存在煤油、液体石蜡中。

碱金属与碱土金属与水反应生成氢氧化物，同时放出氢气。反应的激烈程度随金属性增强而加剧，是放热反应。所以使用时要注意安全，不能让钠、钾沾在潮湿的皮肤上，引起金属燃烧，灼烧皮肤。

碱金属的绝大多数盐类易溶于水，只有少数几种盐难溶。可利用它们的难溶性来鉴定 Na^+、K^+。

碱土金属的硝酸盐、卤化物、硫酸盐较易溶于水，碳酸盐、草酸盐均难溶于水。锂、镁的氟化物和磷酸盐也难溶于水。

碱金属和碱土金属盐类会发生焰色反应，其焰色反应特征颜色如表 2-8 所示。

表 2-8　盐类焰色反应特征颜色

盐类	锂盐	钠盐	钾盐	钙盐	锶盐	钡盐
特征颜色	红	黄	紫	橙红色	洋红	绿

铝的标准电极电势虽为负值，但在水中稳定，主要是由于金属表面形成致密的氧化膜不溶于水。

锡、铅是中等活泼的低熔点金属，氧化物也不溶于水。$Sn(Ⅱ)$、$Pb(Ⅱ)$氢氧化物是白色沉淀，具有两性。但锡的氢氧化物碱性小于铅的氢氧化物碱性。$Sn(Ⅱ)$ 具有还原性、$Pb(Ⅳ)$ 的氧化物在酸性介质中具有强氧化性。Pb_3O_4 俗称铅丹或红铅，在硝酸中有 2/3 溶解变成 Pb^{2+}、1/3 以棕黑色的 PbO_2 沉淀形式析出：$Pb_3O_4 + 4H^+ \Longrightarrow PbO_2 + 2Pb^{2+} + 2H_2O$。

$PbCl_2$ 为白色沉淀，微溶于水，但易溶于热水，也溶于浓盐酸形成配合物 $H_2[PbCl_4]$。PbI_2 微溶于水，但易溶于沸水，亦可溶于过量 KI 溶液形成可溶性配合物 K_2PbI_4。$PbCrO_4$ 为难溶的黄色沉淀，溶于硝酸和较浓的碱。$PbSO_4$ 为白色沉淀，能溶解于饱和的 NH_4Ac 溶液中。$PbAc_2$ 可溶于水，但易水解。

锑、铋以 +3 价、+5 价的氧化态存在。而铋由于惰性电子对效应（$6s^2$），以 +3 价氧化态较稳定。

锑（Ⅲ）的氢氧化物既溶于酸，又溶于碱。铋的氢氧化物溶于酸，不溶于碱。

锡、铅、锑、铋都能生成有颜色且难溶于水的硫化物。SnS 呈棕色，PbS 呈黑色，Sb_2S_3 呈橘黄色，Bi_2S_3 呈棕黑色，SnS_2 呈黄色。

五、实验内容

（一）钠、钾、镁与空气反应

（1）镊取绿豆粒大小的金属钠，用滤纸吸干煤油，迅速放入瓷坩埚中，加热到钠开始燃烧时为止，观察反应情况及冷却后产物的颜色和状态。加 2mL 热蒸馏水，再滴 2 滴酚酞，观察有无气泡生成及溶液的颜色。

（2）镊取芝麻粒大小的金属钾（注意取用量大小，用量过多易发生危险！），用滤纸吸干煤油，迅速放入瓷坩埚中，加热到钾开始燃烧时为止，观察反应情况及冷却后产物的颜色和状态。加 2mL 热蒸馏水，再滴 2 滴酚酞，观察有无气泡生成及溶液的颜色。

（3）称取 0.3g 左右镁粉，放入瓷坩埚中，加热使镁粉燃烧。反应完全后，冷至室温，观察产物的颜色和状态。再转入小试管中，加 2mL 热蒸馏水，再滴 2 滴酚酞，立即用红色石蕊试纸放在试管口检验逸出的气体，观察石蕊试纸及溶液的颜色。

（二）钠、镁、铝与水反应

（1）在烧杯中加去离子水约 30mL，取绿豆粒大小的金属钠，用滤纸吸干煤油，放入水中观察反应情况，检验溶液的酸碱性。

（2）在烧杯中加去离子水约 30mL，取芝麻粒大小的金属钠，用滤纸吸干煤油，放入水中观察反应情况，检验溶液的酸碱性。

（3）在两支试管中各加 2mL 水，一支不加热，另一支加热至沸腾；取两根 3cm 长的镁条，用砂纸擦去氧化膜，将镁条分别放入冷、热水中。比较反应的激烈程度，检验溶液的酸碱性。

（4）在两支试管中各加 2mL 水，一支不加热，另一支加热至沸腾；取两块表面擦去氧化物膜的铝片，分别放入冷、热水中，比较反应的激烈程度，检验溶液的酸碱性。

（三）钠与汞反应

取绿豆粒大小的金属钠，用滤纸吸干煤油，放入通风橱中的研钵中，滴入几滴汞，研磨，即可得到钠汞齐。观察反应情况和产物的颜色。将得到的钠汞齐转入盛有少量水和几滴酚酞的烧杯中，观察反应情况。

（四）镁、钙、钡、铝、锡、铅、锑、铋的氢氧化物的溶解性

（1）在 8 支试管中，分别加入浓度均为 $0.5mol \cdot L^{-1}$ $MgCl_2$、$CaCl_2$、$BaCl_2$、$AlCl_3$、$SnCl_2$、$Pb(NO_3)_2$、$SbCl_3$、$Bi(NO_3)_3$ 溶液各 0.5mL，均分别加入 $2.0mol \cdot L^{-1}$ NaOH 溶液，观察沉淀的生成并写出反应方程式。

把上述沉淀各分成两份，分别加入 $6.0mol \cdot L^{-1}$ HCl 溶液和 $6.0mol \cdot L^{-1}$ NaOH 溶液，观察沉淀是否溶解。

（2）在两支试管中分别注入 0.5mL 浓度均为 $0.5mol \cdot L^{-1}$ 的 $MgCl_2$、$AlCl_3$ 溶液，再加入过量的 2mL $0.5mol \cdot L^{-1}$ 氨水，观察生成物的颜色和状态。向有沉淀的试管中再加入饱和 NH_4Cl 溶液，观察现象，说明原因并写出反应方程式。

（五）盐类的溶解性

（1）在盛有 3mL 蒸馏水的 3 支试管中分别加入 0.3g LiCl、0.3g NaCl、0.3g KCl，固定在水浴锅中，观察温度变化及三种盐的溶解情况。

用 3mL 甲醇代替 3mL 蒸馏水，重复上述实验。观察温度变化及溶解情

况。与水中有什么不同？

（2）在 3 支试管中分别注入 0.5mL 0.5mol·L^{-1} MgCl$_2$、CaCl$_2$ 和 BaCl$_2$ 溶液，再注入 5 滴 0.5mol·L^{-1} K$_2$CrO$_4$ 溶液，观察有无沉淀生成。若有沉淀生成，分别检验沉淀是否溶于 6.0mol·L^{-1} HAc 溶液、2.0mol·L^{-1} HCl 溶液。

（3）以 0.5mol·L^{-1} 的 (NH$_4$)$_2$C$_2$O$_4$ 溶液代替 0.5mol·L^{-1} K$_2$CrO$_4$ 溶液，重复上述实验步骤（2）。

（4）在 5 支试管中分别加入浓度均为 0.5mol·L^{-1} 的 SnCl$_2$、SnCl$_4$、Pb(NO$_3$)$_2$、SbCl$_3$、Bi(NO$_3$)$_3$ 溶液各 0.5mL，然后各加入少许 0.1mol·L^{-1} 饱和 H$_2$S 溶液，观察沉淀的颜色。再分别使沉淀物与 1.0mol·L^{-1} HCl 溶液、1.0mol·L^{-1} Na$_2$S 溶液、1.0mol·L^{-1} (NH$_4$)$_2$S$_x$ 溶液、浓 HNO$_3$ 反应。观察 Pb(Ⅱ)、Sn(Ⅱ)、Sn(Ⅳ) 硫化物的颜色及溶解性。

（5）取 5 滴 0.5mol·L^{-1} Pb(NO$_3$)$_2$ 溶液，加 0.5mL 蒸馏水，再滴入 3～5 滴稀盐酸，得到白色沉淀，对试管加热后又冷却，观察沉淀溶解情况。取少许上述沉淀，加入浓盐酸，情况又如何？说明原因。

（6）取 5 滴 0.5mol·L^{-1} Pb(NO$_3$)$_2$ 溶液，加入 1mL 蒸馏水，再滴加 1mol·L^{-1} KI 溶液，观察沉淀的颜色和形状，并观察其在冷热水中溶解情况。

（7）取 5 滴 0.5mol·L^{-1} Pb(NO$_3$)$_2$ 溶液，再滴入几滴 0.5mol·L^{-1} K$_2$CrO$_4$溶液，观察沉淀的生成及颜色。取少许上述沉淀，观察加入 6.0mol·L^{-1} HNO$_3$溶液或 6.0mol·L^{-1} NaOH 溶液的溶解情况。

（8）取 5 滴 0.5mol·L^{-1} Pb(NO$_3$)$_2$ 溶液，加入 1mL 蒸馏水，再滴加几滴 0.1mol·L^{-1} Na$_2$SO$_4$ 溶液，得白色沉淀。再加入少许固体 NaAc，微微加热并不断搅拌，沉淀是否溶解？说明原因。

（六）ⅠA、ⅡA 族元素焰色反应

用洗净的镍铬丝（镍铬丝不能混用，用前先蘸浓盐酸烧至近无色）分别蘸上少量 LiCl、NaCl、KCl、CaCl$_2$、SrCl$_2$、BaCl$_2$ 溶液或固体，在氧化焰中灼烧（观察钾时用钴玻璃滤光），观察它们的焰色有何不同。

（七）设计实验

水溶液中可能含有 Na$^+$、NH$_4^+$、Mg^{2+}、Ca^{2+}、Ba^{2+}，如何分离与检出？

提示：先检验易挥发的离子，以免在处理过程中损失。再选择沉淀剂分离与鉴定。

$$Na^+ + KSb(OH)_6 \Longrightarrow NaSb(OH)_6（白色晶体）+ K^+$$

$$Na^+ + 2K^+ + [Co(NO_2)_6]^{3-} \Longrightarrow K_2NaCo(NO_2)_6(橙黄色)$$

思考题

(1) 本实验要注意哪些安全？

(2) $Mg(OH)_2$ 和 $MgCO_3$ 可否溶于 NH_4Cl 溶液？为什么？$Fe(OH)_3$ 呢？

(3) 为什么 Ca 与 HCl 反应剧烈，而与硫酸反应缓慢？

(4) 水溶液中如何鉴定分离 $SnCl_2$、$SnCl_4$、$Pb(NO_3)_2$、$SbCl_3$、$Bi(NO_3)_3$？

实验12　ds 区金属（铜、银、锌、镉、汞）

(4学时)

一、预习内容

(1) ds 区元素的通性、金属及重要化合物的特性。

(2) 沉淀的相互转化及沉淀与配合物间的平衡移动。

二、实验目的

(1) 掌握铜、银、锌、镉、汞氧化物或氢氧化物的酸碱性和其硫化物的溶解性。

(2) 了解 Cu(Ⅰ)、Cu(Ⅱ) 重要化合物的性质及相互转化条件。

(3) 掌握铜、银、锌、镉、汞的配位能力及 Hg(Ⅰ)、Hg(Ⅱ) 间的转化。

(4) 熟悉 Cu^{2+}、Ag^+、Zn^{2+}、Cd^{2+}、Hg^{2+} 鉴定方法。

三、主要仪器与试剂

离心机、离心试管

$CuSO_4$（$0.1mol \cdot L^{-1}$）、$ZnSO_4$（$0.1mol \cdot L^{-1}$）、$CdSO_4$（$0.1mol \cdot L^{-1}$）、$AgNO_3$（$0.1mol \cdot L^{-1}$）、$Hg(NO_3)_2$（$0.1mol \cdot L^{-1}$）、$NaOH$（$2mol \cdot L^{-1}$、$6mol \cdot L^{-1}$、40%）、H_2SO_4（$3mol \cdot L^{-1}$）、浓 HCl、$NH_3 \cdot H_2O$（$2mol \cdot L^{-1}$、浓）、HNO_3（$2mol \cdot L^{-1}$、浓）、Na_2S（$1mol \cdot L^{-1}$）、$KSCN$（$0.1mol \cdot L^{-1}$）、葡萄糖（10%）、$CuCl_2$（$0.1mol \cdot L^{-1}$）、$NaCl$（$0.1mol \cdot L^{-1}$）、KI（$0.1mol \cdot L^{-1}$、$2mol \cdot L^{-1}$）、$Na_2S_2O_3$（$0.5mol \cdot L^{-1}$）、$SnCl_2$（$0.1mol \cdot L^{-1}$）、$Hg(l)$

四、实验原理

ds 区元素包括 I B、II B 族，有 Cu、Ag、Au、Zn、Cd、Hg 等六种元素。它们的许多性质与过渡元素相似，与 I A、II A 族元素除了形式上均可形成 +1、+2 价的化合物外，更多的是差异性。Au 在自然界主要以单质的形式存在。I B、II B 族除能形成一些重要化合物外，最大特点是其离子具有 18 电子构型和较强的极化力、变形性，易于形成配合物。

$Cu(OH)_2$ 以碱性为主，溶于酸，但它有微弱的酸性，溶于过量的浓碱溶液。$Zn(OH)_2$ 为两性氢氧化物，氢氧化镉呈两性偏碱性，汞(II) 的氢氧化物极易脱水而转变为黄色的 HgO，HgO 不溶于过量碱中。

它们的硫化物有特征颜色。CuS 黑色，Ag_2S 黑色，ZnS 白色，CdS 黄色，HgS 黑色。

Cu^+ 在水溶液中不稳定，自发歧化。

$$2Cu^+ \rightleftharpoons Cu^{2+} + Cu \qquad K^{\ominus} = 1.4 \times 10^6$$

Cu(I) 只能存在于稳定的配合物和固体化合物之中，例如 $[CuCl_2]^-$、$[Cu(NH_3)_2]^-$、CuI、Cu_2O。

Hg_2^{2+} 能够稳定地存在于水溶液中，可以十分方便地得到 Hg_2^{2+} 溶液。例如：

$$Hg(l) + Hg^{2+} \rightleftharpoons Hg_2^{2+} \qquad K^{\ominus} = 87.7$$

这种平衡趋势并不大，若加入一种试剂降低 Hg^{2+} 浓度，Hg_2^{2+} 就将发生歧化；如加入碱、硫离子等沉淀剂或氰离子等强配位体，其最终将变成金属汞和二价汞的难溶盐或更稳定的配合物。

五、实验内容

(一) 铜、锌、镉氢氧化物的生成和性质

向三支试管中分别滴加 0.5mL 0.1mol·L^{-1} $CuSO_4$ 溶液、0.5mL 0.1mol·L^{-1} $ZnSO_4$ 溶液、0.5mL 0.1mol·L^{-1} $CdSO_4$ 溶液，然后滴加 2mol·L^{-1} NaOH 溶液，观察现象。

将每个试管中的沉淀分成 2 份：一份加 3mol·L^{-1} H_2SO_4 溶液，另一份继续加 6mol·L^{-1} NaOH 溶液。观察实验现象，并写出反应方程式。

(二) 银、汞氧化物的生成和性质

(1) 向离心管中滴加 0.5mL 0.1mol·L^{-1} $AgNO_3$ 溶液，然后滴加 2mol·L^{-1}

NaOH 溶液，观察沉淀的颜色和状态。洗涤并离心分离沉淀，将沉淀分成 2 份，一份加 $2mol \cdot L^{-1}$ HNO_3 溶液，另一份继续加 $2mol \cdot L^{-1}$ 氨水。观察实验现象，并写出反应方程式。

（2）向离心管中滴加 $0.5mL$ $0.1mol \cdot L^{-1}$ $Hg(NO_3)_2$ 溶液，然后滴加新配制的 $2mol \cdot L^{-1}$ NaOH 溶液，观察沉淀的颜色和状态。洗涤并离心分离沉淀，将沉淀分成 2 份，一份加 $2mol \cdot L^{-1}$ HNO_3 溶液，另一份继续加 40% NaOH 溶液。观察实验现象，并写出反应方程式。

（三）锌、镉、汞硫化物的生成和性质

向三支分别盛有 $0.5mL$ $0.1mol \cdot L^{-1}$ $ZnSO_4$ 溶液、$0.5mL$ $0.1mol \cdot L^{-1}$ $CdSO_4$ 溶液，$0.5mL$ $0.1mol \cdot L^{-1}$ $Hg(NO_3)_2$ 溶液的离心管中，滴加 $1mol \cdot L^{-1}$ Na_2S 溶液。观察沉淀的生成和颜色。

将沉淀离心分离、洗涤，然后将每种沉淀分成三份：一份加 $2mol \cdot L^{-1}$ HCl 溶液，一份加浓盐酸溶液，再一份加入王水，分别水浴加热。观察沉淀溶解情况。试据上述现象，推测 Cu_2S、HgS 的溶解情况如何。

（四）铜、银、锌、汞的配合物

（1）氨合物的生成　向四支分别盛有 $0.5mL$ $0.1mol \cdot L^{-1}$ $CuSO_4$ 溶液、$0.5mL$ $0.1mol \cdot L^{-1}$ $ZnSO_4$ 溶液、$0.5mL$ $0.1mol \cdot L^{-1}$ $AgNO_3$ 溶液、$0.5mL$ $0.1mol \cdot L^{-1}$ $Hg(NO_3)_2$ 溶液的试管中滴加 $2mol \cdot L^{-1}$ 氨水，观察沉淀的生成。继续滴加过量的氨水，又有何现象产生？写出相关反应方程式。

（2）汞配合物的生成和应用

① 向盛有 $0.5mL$ $0.1mol \cdot L^{-1}$ $Hg(NO_3)_2$ 溶液的试管中滴加 $0.1mol \cdot L^{-1}$ KI 溶液，观察沉淀的生成和颜色，继续向沉淀中加 KI 固体，直至沉淀溶解为止（不能加过量）。溶液显何色？写出相关反应方程式。

在所得的溶液中，滴入几滴 40% NaOH 溶液，再与氨水反应，观察沉淀的颜色，并写出反应方程式。

② 向盛有 $0.5mL$ $0.1mol \cdot L^{-1}$ $Hg(NO_3)_2$ 溶液的试管中滴加 $0.1mol \cdot L^{-1}$ KSCN 溶液，先看到白色沉淀生成，再继续滴加 $0.1mol \cdot L^{-1}$ KSCN 溶液，看到沉淀溶解成无色溶液，继续加几滴 $0.1mol \cdot L^{-1}$ $ZnSO_4$ 溶液，又看到白色沉淀生成（该反应可定性检验 Zn^{2+}）。必要时可用玻璃棒摩擦试管壁。写出相关反应式。

（五）铜、银、汞的氧化还原性

（1）Cu（Ⅰ）化合物的生成和性质　在 $0.5mL$ $0.1mol \cdot L^{-1}$ $CuSO_4$ 溶液

中滴加 $6mol \cdot L^{-1}$ NaOH 溶液至过量，待起初生成的蓝色沉淀变深蓝色溶液，然后加入 0.5mL 10% 的葡萄糖溶液，摇匀，水浴加热几分钟，观察实验现象，写出反应方程式。

离心分离，弃去滤液，将沉淀分成两份：一份加入 0.5mL $3mol \cdot L^{-1}$ H_2SO_4 溶液，静置，观察沉淀变化。然后加热至沸，观察有何现象。另一份加入 0.5mL 浓氨水，振荡后静置一段时间，观察溶液的颜色。请解释原因。

(2) 氯化亚铜的生成和性质 取 5mL $0.5mol \cdot L^{-1}$ $CuCl_2$ 溶液，加入 1.5mL 浓 HCl 溶液和少量铜屑，加热沸腾至出现深棕色溶液（绿色完全消失），继续加热，直至溶液近无色。取几滴上述溶液加入 10mL 蒸馏水中，如有白色沉淀产生，则迅速把全部溶液倾入 100mL 蒸馏水中，将白色沉淀洗涤至无蓝色为止。

取少许沉淀分成两份：一份与 2mL 浓 $NH_3 \cdot H_2O$ 溶液作用，观察有何变化；另一份与 2mL 浓 HCl 溶液作用，观察又有何变化。写出有关反应方程式。

(3) 碘化亚铜的生成和性质 向 0.5mL $0.1mol \cdot L^{-1}$ $CuSO_4$ 溶液中，边滴 $0.1mol \cdot L^{-1}$ KI 溶液边振荡，溶液变为棕黄色（CuI 为白色沉淀，I_2 单质溶于 KI 呈黄色）。再滴加适量 $0.5mol \cdot L^{-1}$ $Na_2S_2O_3$ 溶液以除去反应中生成的碘。观察产物的颜色和状态，写出相关反应方程式。

(4) 汞(Ⅱ) 与汞(Ⅰ) 的相互转化

① 在 2 滴 $0.1mol \cdot L^{-1}$ $Hg(NO_3)_2$ 溶液中，逐滴加入 $0.1mol \cdot L^{-1}$ $SnCl_2$ 溶液至过量，观察现象，写出反应方程式。

② 在 2 滴 $0.1mol \cdot L^{-1}$ $Hg(NO_3)_2$ 溶液中，滴入 1 滴金属汞，充分振荡。用滴管把清液转入两支试管中（余下的汞要回收），在一支试管中加入 $0.1mol \cdot L^{-1}$ NaCl 溶液，另一支试管中滴入 $2mol \cdot L^{-1}$ 氨水，观察现象，写出相关反应方程式。

思考题

(1) 设计方案，如何区分 Cd^{2+}、Cu^{2+}？

(2) 如何区别固体氯化亚汞（甘汞）和氯化汞（升汞）？

(3) 如何分离硝酸铜与硝酸银？

实验13　d区金属（过渡金属元素）

（4学时）

一、预习内容

（1）了解过渡元素的通性与价电子构型的关系。

（2）对于氧化剂、还原剂的选择，除了从其电势值大小选择外，还应考虑物质被氧化、被还原后产物的颜色、溶解度。

二、实验目的

（1）掌握钛、钒、铬、锰主要氧化态化合物的重要性质及各氧化态之间的相互转化。

（2）掌握二价铁、钴、镍的还原性和三价铁、钴、镍的氧化性及配合物的生成和性质。

（3）学习 Fe^{2+}、Fe^{3+} 和 Ni^{2+} 的鉴定方法。

三、主要仪器与试剂

离心机、离心试管

NH_4VO_3（s）、锌粒、KSCN（s）、$(NH_4)_2Fe(SO_4)_2$（s）、淀粉-碘化钾试纸、pH 试纸、沸石、TiO_2（s）、$K_2S_2O_8$、$AgNO_3$、MnO_2（s）、氯水、溴水、CCl_4（l）、丁二酮肟（1%）、戊醇、乙醚、淀粉溶液、H_2SO_4（浓、$3mol \cdot L^{-1}$）、H_2O_2（3%）、NaOH（40%、$6mol \cdot L^{-1}$、$2mol \cdot L^{-1}$、$0.1mol \cdot L^{-1}$）、$CuCl_2$（$0.1mol \cdot L^{-1}$）、HCl（浓、$6mol \cdot L^{-1}$、$2mol \cdot L^{-1}$、$0.1mol \cdot L^{-1}$）、$NH_3 \cdot H_2O$（$2mol \cdot L^{-1}$、浓）、$K_2Cr_2O_7$（$0.1mol \cdot L^{-1}$）、$K_2SO_4 \cdot Cr_2(SO_4)_3 \cdot 24H_2O$（$0.1mol \cdot L^{-1}$）、$K_2CrO_4$（$0.1mol \cdot L^{-1}$）、$HNO_3$（$6mol \cdot L^{-1}$）、$AgNO_3$（$0.1mol \cdot L^{-1}$）、$BaCl_2$（$0.1mol \cdot L^{-1}$）、$Pb(NO_3)_2$（$0.1mol \cdot L^{-1}$）、$MnSO_4$（$0.1mol \cdot L^{-1}$）、$NH_4Cl$（$2mol \cdot L^{-1}$）、NaClO（稀溶液）、$H_2S$（饱和溶液）、$Na_2S$（$0.1mol \cdot L^{-1}$、$0.5mol \cdot L^{-1}$）、$Na_2SO_3$（$0.1mol \cdot L^{-1}$）、$K_4[Fe(CN)_6]$（$0.1mol \cdot L^{-1}$）、$CoCl_2$（$0.1mol \cdot L^{-1}$）、$NiSO_4$（$0.1mol \cdot L^{-1}$）、$(NH_4)_2Fe(SO_4)_2$（$0.1mol \cdot L^{-1}$）、KI（$0.1mol \cdot L^{-1}$）、$KMnO_4$（$0.1mol \cdot L^{-1}$）、$FeCl_3$（$0.1mol \cdot L^{-1}$）、KSCN（$0.1mol \cdot L^{-1}$）、$PbAc_2$（$0.1mol \cdot L^{-1}$）

TiOSO$_4$ 溶液：用液体四氯化钛和 1mol·L^{-1} (NH$_4$)$_2$SO$_4$ 溶液按物质的量之比 1∶1 的比例配成硫酸氧钛溶液。

VO$_2$Cl 溶液：在 1g 偏钒酸铵固体中，加入 20mL 6mol·L^{-1} HCl 溶液和 10mL 蒸馏水，溶解。

四、实验原理

d 区元素包括ⅢB～ⅧB。它们的价电子构型有一个共同特性：d 区电子未满。因而它们的元素性质与主族元素有显著区别：①元素氧化态类型多；②易形成配合物。

位于周期表第四周期的 Sc～Ni 称为第一过渡系元素，是过渡元素中常见的重要元素。第五周期的过渡元素为第二过渡系列，第六周期的过渡元素为第三过渡系列。

（一）Ti

Ti 通常以 +4 价氧化态最稳定。纯二氧化钛是白色粉末，不溶于水、不易溶于浓碱但能溶于热硫酸中：

$$TiO_2 + 2H_2SO_4 \xrightarrow{\triangle} Ti(SO_4)_2 + 2H_2O$$

$$TiO_2 + H_2SO_4 \xrightarrow{\triangle} TiOSO_4 + H_2O$$

但在中等酸度的钛盐中加入过氧化氢，能生成较稳定的橘黄色 [TiO(H$_2$O$_2$)]$^{2+}$：

$$TiO^{2+} + H_2O_2 = [TiO(H_2O_2)]^{2+}$$

利用此反应可以进行钛的定性检验和比色分析。

用锌处理钛（Ⅳ）盐的盐酸溶液，可以得到紫色的钛（Ⅲ）的化合物。

$$4H^+ + Zn + 2TiO^{2+} = 2Ti^{3+} + Zn^{2+} + 2H_2O$$

钛（Ⅲ）具有还原性，遇 CuCl$_2$ 等发生氧化还原反应：

$$Ti^{3+} + Cu^{2+} + H_2O + Cl^- = CuCl\downarrow + TiO^{2+} + 2H^+$$

（二）V

V 的化合物中的氧化值主要为 +5。五氧化二钒是钒的重要化合物之一，可由偏钒酸铵加热分解制得：

$$2NH_4VO_3 = V_2O_5 + 2NH_3 + H_2O$$

五氧化二钒呈橙色至深红色，微溶于水，是两性偏酸性的氧化物，易溶于碱，能溶于强酸中：

$$V_2O_5 + H_2SO_4(浓) = (VO_2)_2SO_4 + H_2O$$

$$V_2O_5 + 6NaOH = 2Na_3VO_4 + 3H_2O$$

$$V_2O_5 + 3H_2O = 2H_3VO_4$$

五氧化二钒溶解在盐酸中时，钒（Ⅴ）被还原成钒（Ⅳ）：

$$V_2O_5 + 6HCl = 2VOCl_2 + Cl_2\uparrow + 3H_2O$$

在钒酸盐的酸性溶液中加入还原剂，可观察到溶液由黄色逐渐变蓝色、绿色，最后变成紫色。这些颜色相应于钒（Ⅳ）、钒（Ⅲ）、钒（Ⅱ）的化合物：

$$NH_4VO_3 + 2HCl = VO_2Cl + H_2O + NH_4Cl$$

$$2VO_2Cl + Zn + 4HCl = 2VOCl_2 + 2H_2O + ZnCl_2$$

$$2VOCl_2 + Zn + 4HCl = 2VCl_3 + 2H_2O + ZnCl_2$$

$$2VCl_3 + Zn = 2VCl_2 + ZnCl_2$$

向钒酸盐溶液中加酸，随 pH 逐渐下降，生成不同缩合度的多钒酸盐。其缩合平衡为：

$$2VO_4^{3-} + 2H^+ \rightleftharpoons 2HVO_4^{2-} \rightleftharpoons V_2O_7^{4-} + H_2O \ (pH \geqslant 13)$$

$$3V_2O_7^{4-} + 6H^+ \rightleftharpoons 2V_3O_9^{3-} + 3H_2O \ (pH \geqslant 8.4)$$

$$10\,V_3O_9^{3-} + 12H^+ \rightleftharpoons 3\,[V_{10}O_{28}]^{6-} + 6H_2O \ (8 > pH > 3)$$

随着缩合度增大，溶液的颜色逐渐加深，由淡黄色变到深红色。溶液转为酸性后，缩合度不再改变，而是发生获得质子的反应：

$$[V_{10}O_{28}]^{6-} + H^+ \rightleftharpoons [HV_{10}O_{28}]^{5-}$$

$$[HV_{10}O_{28}]^{5-} + H^+ \rightleftharpoons [H_2V_{10}O_{28}]^{4-}$$

在 pH≈2 时，有红棕色五氧化二钒水合物沉淀（V_2O_5）析出；pH=1时，溶液中存在稳定的黄色 VO_2^+：

$$[H_2V_{10}O_{28}]^{4-} + 14H^+ \rightleftharpoons 10VO_2^+ + 8H_2O$$

在钒酸盐的溶液中加过氧化氢，溶液呈弱碱性、中性或弱酸性时，得到黄色的二过氧钒酸离子；溶液是强酸性时，得到红棕色的过氧钒离子，两者间存在下列平衡：

$$[VO_2(O_2)_2]^{3-} + 6H^+ = [V(O_2)]^{3+} + H_2O_2 + 2H_2O$$

（三）Cr

铬最常见的是+3、+6 价氧化态化合物。铬（Ⅲ）盐溶液与氨水或氢氧化钠溶液反应可制得灰蓝色氢氧化铬胶状沉淀。它具有两性，既溶于酸又溶于碱：

$$Cr^{3+} + 3OH^- = Cr(OH)_3\downarrow$$

$$2Cr(OH)_3 + 3H_2SO_4 \Longrightarrow Cr_2(SO_4)_3 + 6H_2O$$
$$Cr(OH)_3 + NaOH \Longrightarrow NaCrO_2 + 2H_2O$$

在碱性溶液中，铬(Ⅲ)具有较强的还原性：

$$2NaCrO_2 + 3H_2O_2 + 2NaOH \Longrightarrow 2Na_2CrO_4 + 4H_2O$$

工业或实验室中，铬(Ⅵ)是含氧酸盐：铬酸盐和重铬酸盐。前者存在于碱性溶液中，后者存在于酸性溶液中，两者在水溶液中存在下列平衡：

$$Cr_2O_7^{2-} + OH^- \rightleftharpoons 2CrO_4^{2-} + H^+$$

在重铬酸盐溶液中加入 Ba^{2+}、Pb^{2+}、Ag^+，生成溶解度更小的铬酸盐：

$$H_2O + Cr_2O_7^{2-} + 2Ba^{2+} \rightleftharpoons 2BaCrO_4 \downarrow + 2H^+$$

重铬酸盐在酸性溶液中具有强氧化性：

$$Cr_2O_7^{2-} + 3SO_3^{2-} + 8H^+ \Longrightarrow 2Cr^{3+} + 3SO_4^{2-} + 4H_2O$$
$$Cr_2O_7^{2-} + 6Fe^{2+} + 14H^+ \Longrightarrow 2Cr^{3+} + 6Fe^{3+} + 7H_2O$$

(四) Mn

锰最常见氧化态显+2、+4、+7价。

Mn^{2+} 在酸性介质中比较稳定，在碱性介质中易被氧化：

$$Mn^{2+} + 2OH^- \Longrightarrow Mn(OH)_2 \downarrow$$
$$2Mn(OH)_2 + O_2 \Longrightarrow 2MnO(OH)_2$$
$$Mn(OH)_2 + ClO^- \Longrightarrow MnO(OH)_2 + Cl^-$$

氢氧化锰溶于酸及酸性盐溶液中，而不溶于碱：

$$Mn(OH)_2 + 2HCl \Longrightarrow MnCl_2 + 2H_2O$$
$$Mn(OH)_2 + 2NH_4Cl \Longrightarrow MnCl_2 + 2H_2O + 2NH_3$$

二氧化锰是锰(Ⅳ)的重要化合物，在酸性溶液中是一种强氧化剂。

$$2KMnO_4 + 3MnSO_4 + 2H_2O \Longrightarrow 5MnO_2 + K_2SO_4 + 2H_2SO_4$$
$$MnO_2 + SO_3^{2-} + 2H^+ \Longrightarrow Mn^{2+} + SO_4^{2-} + H_2O$$
$$2MnO_2 + 2H_2SO_4 （浓） \Longrightarrow 2MnSO_4 + 2H_2O + O_2 \uparrow$$

在碱性介质中，有氧化剂存在时，锰(Ⅳ)能被氧化转变成锰(Ⅵ)的化合物。

$$2MnO_2 + 4KOH + O_2 \Longrightarrow 2K_2MnO_4 + 2H_2O$$

锰酸盐只有在强碱性介质中（pH>14.4）才稳定存在，在酸性、弱碱性及中性条件下，会发生歧化反应：

$$3MnO_4^{2-} + 4H^+ \Longrightarrow 2MnO_4^- + MnO_2 + H_2O$$

锰(Ⅶ)最重要和常用的化合物是高锰酸钾，具有强氧化性，它的还原产物因介质不同而不同。在酸性介质中还原成二价锰，中性介质中还原成 MnO_2，在碱性介质中还原成 MnO_4^{2-}。

（五）铁系元素

铁系元素有 Fe、Co、Ni，常见价态有 $+2$、$+3$ 价。二价铁、钴、镍的氢氧化物有还原性，还原性依次减弱；三价铁、钴、镍氢氧化物有氧化性，氧化性依次增强。

铁系元素及铬、锰能形成多种配合物。这些配合物的形成常作为 Fe^{2+}、Fe^{3+}、Co^{2+}、Ni^{2+} 离子的鉴定方法：

$$4Fe^{3+} + 3Fe(CN)_6^{4-} = Fe_4[Fe(CN)_6]_3 \downarrow \text{（普鲁氏蓝）}$$

$$3Fe^{2+} + 2Fe(CN)_6^{3-} = Fe_3[Fe(CN)_6]_2 \downarrow \text{（藤氏蓝）}$$

$$Fe^{3+} + nSCN^- = Fe(SNC)_n^{3-n} \ (n=1\sim6) \text{（血红色）}$$

$$Co^{2+} + 4SCN^- \xrightarrow{\text{乙醚}} [Co(SNC)_4]^{2-} \text{（蓝色）}$$

Co^{2+} 与过量氨水反应生成 $[Co(NH_3)_6]^{2+}$，$[Co(NH_3)_6]^{2+}$ 容易被空气中的氧气氧化成 $[Co(NH_3)_6]^{3+}$。铁（Ⅱ）、铁（Ⅲ）不能形成氨的配合物：

$$CoCl_2 + NH_3 \cdot H_2O = Co(OH)Cl \downarrow + NH_4Cl$$

$$Co(OH)Cl + 7NH_3 \cdot H_2O = [Co(NH_3)_6](OH)_2 + NH_4Cl$$

$$2[Co(NH_3)_6](OH)_2 + 1/2O_2 + H_2O = 2[Co(NH_3)_6](OH)_3$$

Ni^{2+} 遇氨水能生成蓝色的 $Ni(NH_3)_6^{2+}$ 离子，但该配离子遇酸、碱，水稀释，受热均可发生分解反应：

$$[Ni(NH_3)_6]^{2+} + 6H^+ = Ni^{2+} + 6NH_4^+$$

$$[Ni(NH_3)_6]^{2+} + 2OH^- = Ni(OH)_2 \downarrow + 6NH_3$$

$$2[Ni(NH_3)_6]SO_4 + 2H_2O \xrightarrow{\triangle} Ni_2(OH)_2SO_4 \downarrow + 10NH_3 + (NH_4)_2SO_4$$

镍与丁二酮肟（二乙酰二肟）生成桃红色沉淀。

五、实验内容

（一）钛的化合物的重要性质

(1) 在试管中加入米粒大的 TiO_2 粉末，再加入 1mL 浓 H_2SO_4、几粒沸石，摇动试管，加热至近沸（注意防止浓硫酸溢出），观察试管的变化。冷却后，取 0.5mL 溶液，滴入 1 滴 3% H_2O_2 溶液，观察现象。

另取少量 TiO_2 粉末，加入 1mL 40% NaOH 溶液，加热。静置后，取上层清液，小心滴入浓硫酸至溶液呈酸性，滴入几滴 3% H_2O_2 溶液，检验二氧化钛是否溶解。

（2）在试管中加入 0.5mL $TiOSO_4$ 溶液，后加入几滴 2mol·L^{-1} 的氨水直到生成大量白色胶状沉淀，离心分离后，把沉淀分成两份：一份中加入 3mol·L^{-1} H_2SO_4 溶液；另一份加入 6mol·L^{-1} NaOH 溶液。观察现象，写出相关反应方程式。

（3）在试管中加入 0.5mL $TiOSO_4$ 溶液，再加入 1 粒锌粒，观察颜色的变化。把溶液放置几分钟后，滴入 1 滴 0.1mol·L^{-1} $CuCl_2$ 溶液，观察现象。由上述现象说明钛(Ⅲ)的还原性。

（二）钒的化合物的重要性质

（1）取 0.5g 偏钒酸铵（NH_4VO_3）固体，放入蒸发皿中，在电热套中加热并不断搅拌，观察并记录反应过程中固体颜色的变化，然后把产物分为四份。

在第一份固体中，加入 1mL 浓 H_2SO_4 振荡，放置。观察溶液颜色，固体是否溶解。

在第二份固体中，加入 6mol·L^{-1} NaOH 溶液，加热。观察有何变化。

在第三份固体中，加入少量蒸馏水，煮沸并静置，待其冷却后，用 pH 试纸测定溶液的 pH。

在第四份固体中，加入浓盐酸，观察有何变化。微热，检验气体产物，加入少量蒸馏水，观察溶液颜色。写出有关的反应方程式，总结五氧化二钒的特性。

（2）在盛有 1mL 氯化氧钒溶液的试管中，加入 1 粒锌粒，放置片刻，观察并记录反应过程中溶液颜色的变化，并加以解释。

（3）在盛有 0.5mL 饱和 NH_4VO_3 溶液的试管中，加入 0.5mL 2mol·L^{-1} HCl 溶液和 2 滴 3% H_2O_2 溶液，观察并记录产物的颜色和状态。

（4）在四支试管中，分别加入 10mL pH = 14、3、2、1 的溶液（用 0.1mol·L^{-1} NaOH 溶液和 0.1mol·L^{-1} HCl 溶液配制），再向每支试管中加入 0.1g NH_4VO_3(s)。振荡溶解，观察现象并加以解释。

（三）铬的化合物的重要性质

请用 $K_2Cr_2O_7$（0.1mol·L^{-1}）、K_2SO_4·$Cr_2(SO_4)_3$·$24H_2O$（0.1mol·L^{-1}）、

NaOH（6mol·L^{-1}）、HNO$_3$（6mol·L^{-1}）、Na$_2$SO$_3$（0.1mol·L^{-1}）、H$_2$SO$_4$（3mol·L^{-1}）、H$_2$O$_2$（3%）、K$_2$S$_2$O$_8$、AgNO$_3$等试剂自行设计实验，完成下列性质验证。

（1）铬（Ⅵ）的氧化性（Cr$_2$O$_7^{2-}$ 转变为 Cr^{3+}） 在约 5mL 0.1mol·L^{-1}重铬酸钾溶液中，加入少量所选择的还原剂，观察溶液颜色的变化并思考如果现象不明显，该怎么办？写出反应方程式，保留溶液供下面实验（3）、（4）用。

（2）铬（Ⅵ）的缩合平衡（Cr$_2$O$_7^{2-}$ 与 CrO$_4^{2-}$ 的相互转化）

① 取少量 Cr$_2$O$_7^{2-}$ 溶液，加入你所选择的试剂使其转变为 CrO$_4^{2-}$。

② 在上述 CrO$_4^{2-}$ 溶液中，加入另一种试剂使其转变为 Cr$_2$O$_7^{2-}$。

（3）氢氧化铬（Ⅲ）的两性 [Cr^{3+} 转变为 Cr(OH)$_3$沉淀，并检验Cr(OH)$_3$的两性] 在检验铬的氧化性的实验所保留的 Cr^{3+} 溶液中，逐滴加入6mol·L^{-1} NaOH 溶液，观察沉淀物的颜色，写出反应方程式。

将所得沉淀物分成两份，分别与酸、碱反应，观察溶液的颜色，写出反应方程式。

（4）铬（Ⅲ）的还原性（CrO$_2^-$ 转变为 CrO$_4^{2-}$，Cr^{3+} 转变为 Cr$_2$O$_7^{2-}$） 在氢氧化铬的两性实验得到的 CrO$_2^-$ 溶液中，加入少量所选择的氧化剂，水浴加热，观察溶液颜色的变化，写出反应方程式。

在铬的氧化性实验所保留的 Cr^{3+} 溶液中，加入少量所选择的氧化剂或介质，观察溶液颜色的变化，写出反应方程式。

（5）重铬酸盐和铬酸盐的溶解性 分别在 Cr$_2$O$_7^{2-}$ 和 CrO$_4^{2-}$ 溶液中，各加入少量的 Pb(NO$_3$)$_2$、BaCl$_2$ 和 AgNO$_3$溶液，观察产物的颜色和状态，比较并解释实验结果，写出反应方程式。

（四）锰的化合物的重要性质

（1）氢氧化锰（Ⅱ）的生成和性质 取 10mL 0.1mol·L^{-1} MnSO$_4$ 溶液分成四份：

第一份：滴加 0.1mol·L^{-1} NaOH 溶液，观察沉淀的颜色。振荡试管，颜色有何变化？

第二份：滴加 0.1mol·L^{-1} NaOH 溶液，产生沉淀后加入过量的 NaOH 溶液，沉淀是否溶解？

第三份：滴加 0.1mol·L^{-1} NaOH 溶液，迅速加入 1mol·L^{-1} 盐酸溶液，有何现象发生？

第四份：滴加 0.1mol·L^{-1} NaOH 溶液，迅速加入 1mol·L^{-1} NH$_4$Cl 溶液，沉淀是否溶解？

写出上述有关反应方程式。此实验说明 $Mn(OH)_2$ 具有哪些性质？

① Mn^{2+} 的还原性　设计硫酸锰和次氯酸钠溶液在酸、碱性介质中的反应。比较 Mn^{2+} 在何介质中易氧化。

② 硫化锰的生成和性质　向硫酸锰溶液中滴加饱和硫化氢溶液，有无沉淀产生？若用硫化钠溶液代替硫化氢溶液，又有何结果？请用事实说明硫化锰的性质和生成沉淀的条件。

(2) 二氧化锰的生成和氧化性

① 向盛有少量 $0.1mol \cdot L^{-1}$ $KMnO_4$ 溶液中，逐滴加入 $0.1mol \cdot L^{-1}$ $MnSO_4$ 溶液，观察沉淀的颜色。向沉淀中加入 $3mol \cdot L^{-1}$ H_2SO_4 溶液和 $0.1mol \cdot L^{-1}$ Na_2SO_3 溶液，沉淀是否溶解？写出有关反应方程式。

② 在盛有少量（米粒大小）二氧化锰固体的试管中加入 2mL 浓硫酸，加热，观察反应前后颜色的变化。有何气体产生？写出反应方程式。

(3) 高锰酸钾的性质　分别试验高锰酸钾溶液与亚硫酸钠溶液在酸性（$3mol \cdot L^{-1}$ H_2SO_4）、近中性（蒸馏水）、碱性（$6mol \cdot L^{-1}$ $NaOH$ 溶液）介质中的反应，比较它们的产物因介质不同有何不同？写出反应方程式。

(五) 铁系化合物的性质

(1) 铁(Ⅱ)的还原性

① 往盛有 0.5mL 氯水的试管中加入 5 滴 $3mol \cdot L^{-1}$ H_2SO_4 溶液，然后滴加 $0.1mol \cdot L^{-1}$ $(NH_4)_2Fe(SO_4)_2$ 溶液，观察现象，写出反应方程式（如现象不明显，可滴加 1 滴 KSCN 溶液，出现红色，证明有 Fe^{3+} 生成）。

② 在一试管中加入 6 滴 $3mol \cdot L^{-1}$ H_2SO_4 溶液煮沸，以赶尽溶于其中的空气，然后加入少量硫酸亚铁铵晶体。在另一试管中加入 3mL $6mol \cdot L^{-1}$ $NaOH$ 溶液煮沸，冷却后，用一长滴管吸取 NaOH 溶液，插入 $(NH_4)_2Fe(SO_4)_2$ 溶液（直至试管底部）后加入，慢慢挤出滴管中的 NaOH 溶液。观察产物的颜色和状态。振荡后放置一段时间，观察有何变化，写出反应方程式。产物留作接下来的实验用。

(2) 钴(Ⅱ)的还原性

① 向盛有 0.5mL $0.1mol \cdot L^{-1}$ $CoCl_2$ 溶液的试管中滴加氯水，观察有何变化。

② 向盛有 0.5mL $0.1mol \cdot L^{-1}$ $CoCl_2$ 溶液的试管中滴入稀 NaOH 溶液，观察沉淀的生成。所得沉淀分成两份，一份置于空气中，另一份加入新配制的氯水，观察有何变化。第二份留作接下来的实验用。

(3) 镍(Ⅱ)的还原性　用 $NiSO_4$ 溶液按钴的还原性实验方法操作，观察现象。实验过程中的第二份沉淀同样留作下面实验用。

(4) 铁(Ⅲ)、钴(Ⅲ)、镍(Ⅲ) 化合物的氧化性

① 在前面实验中保留下来的氢氧化铁（Ⅲ）、氢氧化钴（Ⅲ）、氢氧化镍（Ⅲ）沉淀中均加入浓盐酸，振荡后各有何变化，并用碘化钾淀粉试纸检验所放出的气体。

② 在上述制得的 $FeCl_3$ 溶液中加入碘化钾溶液，再加入 CCl_4，振荡后观察现象，写出反应方程式。

（5）配合物的生成

① 铁的配合物

a. Fe^{2+} 的鉴定　向盛有 1mL 亚铁氰化钾 ［六氰合铁（Ⅱ）酸钾］ 溶液的试管中加入约 0.5mL 的溴水，摇动试管后，滴入数滴硫酸亚铁铵溶液，有何现象发生？

b. Fe^{3+} 的鉴定　向盛有 1mL 新配制的 $(NH_4)_2Fe(SO_4)_2$ 溶液的试管中加入溴水，摇动试管后，将溶液分成两份，各滴入数滴硫氰酸钾溶液，然后向其中一支试管中注入约 0.5mL 3% H_2O_2 溶液，观察现象。

c. Fe^{3+} 的鉴定　向 $FeCl_3$ 溶液中加入 $K_4[Fe(CN)_6]$ 溶液，观察现象，写出反应方程式。

d. 向盛有 0.5mL 0.2mol·L^{-1} $FeCl_3$ 的试管中滴入 2mol·L^{-1} 氨水直至过量，观察沉淀是否溶解。

② 钴的配合物

a. 向盛有 1mL $CoCl_2$ 溶液的试管里加入硫氰酸钾固体，观察固体周围的颜色。再加入 0.5mL 戊醇和 0.5mL 乙醚，振荡后，观察水相和有机相的颜色。这个反应可用来鉴定 Co^{2+}。

b. 向 0.5mL $CoCl_2$ 溶液中滴加 2mol·L^{-1} 氨水，至生成的沉淀刚好溶解为止，静置一段时间后，观察溶液的颜色有何变化。

③ 镍的配合物

向盛有 1mL 0.1mol·L^{-1} $NiSO_4$ 溶液的试管中加入过量 6mol·L^{-1} 氨水，观察现象。静置片刻，再观察现象，写出离子反应方程式。把溶液分成四份：一份加入 2mol·L^{-1} NaOH 溶液，一份加入 3mol·L^{-1} H_2SO_4 溶液，一份加水稀释，一份煮沸，观察有何变化。

思考题

（1）定性检验锰离子时，一般采用哪些氧化剂（请举三例)？

（2）怎样实现 $Cr^{3+} \rightarrow CrO_4^{2-}$、$CrO_4^{2-} \rightarrow Cr^{3+}$ 的转变？

（3）在 Fe^{2+}、Co^{2+}、Ni^{2+} 溶液中加入适量的氨水以及过量的氨水，各有何现象发生？

实验14　p区非金属

(6学时)

一、预习内容

（1）非金属元素的通性及各非金属元素的特性。

（2）常用无机盐试剂的配制。

二、实验目的

（1）掌握 H_2O_2、硫及其重要化合物的性质。

（2）掌握卤素单质、卤酸和含氧酸盐等的递变规律。

（3）了解 B、Si、N、P 重要元素化合物的性质及递变规律。

三、主要仪器与试剂

（1）**卤素**　$MnO_2(s)$、NaCl 固体、KBr 固体、KI 固体、浓硫酸、浓氨水、浓盐酸、淀粉-碘化钾试纸、醋酸铅试纸、NaOH（$2mol \cdot L^{-1}$）、KOH（$2mol \cdot L^{-1}$）、KI（$0.2mol \cdot L^{-1}$）、淀粉溶液、$MnSO_4$（$0.2mol \cdot L^{-1}$）

（2）**氧、硫**　$K_2S_2O_8(s)$、$MnO_2(s)$、$FeS(s)$、碘水、乙醚、硫粉、配有玻璃导气管橡胶塞、醋酸铅试纸

淀粉溶液、H_2O_2（3%）、$Pb(NO_3)_2$（$0.2mol \cdot L^{-1}$）、$KMnO_4$（$0.2mol \cdot L^{-1}$）、硫代乙酰胺（$1mol \cdot L^{-1}$）、H_2SO_4（$3mol \cdot L^{-1}$）、KI（$0.2mol \cdot L^{-1}$）、$K_2Cr_2O_7$ 溶液（$0.5mol \cdot L^{-1}$）、亚硝基铁氰化钠 $Na_2[Fe(CN)_5NO]$（1%）、Na_2S（$0.1mol \cdot L^{-1}$）、Na_2SO_3（$0.5mol \cdot L^{-1}$）、$KMnO_4$（$0.02mol \cdot L^{-1}$）、$ZnSO_4$（饱和溶液）、$K_4[Fe(CN)_6]$（$0.1mol \cdot L^{-1}$）、HCl（$2mol \cdot L^{-1}$、$6mol \cdot L^{-1}$）、$Na_2S_2O_3$（$0.1mol \cdot L^{-1}$）、$MnSO_4$（$0.002mol \cdot L^{-1}$）、$AgNO_3$（$0.1mol \cdot L^{-1}$）

（3）**硼、碳硅、氮、磷**　$CaCl_2(s)$、$CuSO_4 \cdot 5H_2O(s)$、$ZnSO_4 \cdot 7H_2O$、$Fe_2(SO_4)_3(s)$、$Co(NO_3)_2 \cdot 6H_2O(s)$、$NiSO_4 \cdot 7H_2O$（s）、锌粉、铜片、$FeSO_4 \cdot 7H_2O$ 晶体、硼酸晶体、三氯化铬（s）、铂丝、红色石蕊试纸、pH试纸

甘油、乙醇、对氨基苯磺酸、α-萘胺、奈斯勒试剂、钼酸铵试剂

NH_4Cl（$0.1mol \cdot L^{-1}$）、NaOH（$2mol \cdot L^{-1}$）、H_2SO_4（$3mol \cdot L^{-1}$、

浓)、$NaNO_2$（$1mol \cdot L^{-1}$）、HNO_3（$2mol \cdot L^{-1}$、浓）、$NaNO_3$（$0.5mol \cdot L^{-1}$）、KI（$0.1mol \cdot L^{-1}$）、H_2SO_4（$3mol \cdot L^{-1}$）、$KMnO_4$（$0.02mol \cdot L^{-1}$）、HAc（$6mol \cdot L^{-1}$）、$CaCl_2$（$0.1mol \cdot L^{-1}$）、Na_3PO_4（$0.1mol \cdot L^{-1}$）、Na_2HPO_4（$0.1mol \cdot L^{-1}$）、NaH_2PO_4（$0.1mol \cdot L^{-1}$）、氨水（$2mol \cdot L^{-1}$）、盐酸（$2mol \cdot L^{-1}$、$6mol \cdot L^{-1}$）、$CuSO_4$（$0.1mol \cdot L^{-1}$）、$Na_4P_2O_7$（$0.1mol \cdot L^{-1}$）、Na_2CO_3（$0.1mol \cdot L^{-1}$）、$Ba(OH)_2$（饱和溶液）、Na_2SiO_3（$0.5mol \cdot L^{-1}$、20%）。

四、实验原理

p 区非金属元素主要包括硼、碳、硅、氮、磷、砷、氧、硫、硒、碲、氟、氯、溴、碘、砹、氦、氖、氩、氪、氙、氡，总共 21 种元素，根据价电子构型分别属于 ⅢA～ⅦA。

这些元素随着其价电子的增多，元素由失去电子的倾向到共用电子倾向，再到得电子倾向变化，因而元素的性质发生周期性变化。

(一) 卤素

(1) 单质的氧化性：同一周期从上至下，氧化性减弱；碱性溶液中易发生歧化反应。

(2) 含氧酸：除氟外，能形成四种氧化态的含氧酸（次、亚、正、高），酸性依次增强，热稳定性依次增强，氧化能力依次减弱。

(二) 氧、硫

(1) O 化合物常见的有 +2，+1 价的氧化态。H_2O_2 是一种淡蓝色黏稠液体，通常用的双氧水溶液是含 3% 或 30% 的过氧化氢。其既有氧化性又有还原性，不稳定易分解，光照、受热、增大溶液碱性或存在痕量重金属物质都会加速 H_2O_2 的分解。

在酸性溶液中，H_2O_2 能使 $Cr_2O_7^{2-}$ 生成深蓝色的 $CrO(O_2)_2$。$CrO(O_2)_2$ 不稳定，在水溶液中与过氧化氢进一步反应生成 Cr^{3+}，蓝色消失。

$$4H_2O_2 + Cr_2O_7^{2-} + 2H^+ \Longrightarrow 2CrO(O_2)_2 + 5H_2O$$
$$2CrO(O_2)_2 + 7H_2O_2 + 6H^+ \Longrightarrow 2Cr^{3+} + 7O_2 + 10H_2O$$

$CrO(O_2)_2$ 能与某些有机溶剂如乙醚、戊醇等形成较稳定的蓝色配合物，故常用此反应来鉴定 H_2O_2。

(2) S 的化合物中，-2 价氧化态有还原性，而 +6 价氧化态有强氧化性，中间态既有氧化性又有还原性，但以还原性为主。

碱性溶液中 S^{2-} 能与 $[Fe(CN)_5NO]^{2-}$ 形成紫色配合物，是鉴定 S^{2-} 的方法之一。

$$S^{2-} + [Fe(CN)_5NO]^{2-} === [Fe(CN)_5NOS]（紫色）$$

SO_2 溶于水，形成不稳定的亚硫酸。亚硫酸及其盐有还原性。但遇到强还原剂时，则起氧化作用。H_2SO_3 可与某些有机物发生加成反应生成无色产物，所以具有漂白性。而加成反应的产物受热时往往容易分解。SO_3^{2-} 与 $[Fe(CN)_5NO]^{2-}$ 形成红色配合物，加入饱和 $ZnSO_4$ 溶液和 $K_4Fe(CN)_6$ 溶液会使红色明显加深。这种方法用于鉴定 SO_3^{2-}。

硫代硫酸不稳定，故硫代硫酸盐遇酸容易分解。$Na_2S_2O_3$ 常作还原剂，还能与某些金属离子形成配合物。

Ag^+ 与 $S_2O_3^{2-}$ 生成白色 $Ag_2S_2O_3$ 沉淀，但它难迅速分解成 Ag_2S 和 H_2SO_4。这一过程由白色变为黄色、棕色，最后变为黑色。这一方法用于鉴定 $S_2O_3^{2-}$。

$S_2O_8^{2-}$ 则有强氧化性。酸性条件下能将 Mn^{2+} 氧化 MnO_4^-，有催化剂 Ag^+ 存在的情况下反应迅速。

$$5S_2O_8^{2-} + 2Mn^{2+} + 8H_2O \xrightarrow{Ag^+} 2MnO_4^- + 10SO_4^{2-} + 16H^+$$

（三）氮、磷

氮、磷元素价电子有 5 个，常见化合物的氧化态为 -3、$+3$、$+5$ 价。

HNO_2 极不稳定，常温下即发生歧化分解：

$$2HNO_2 === NO_2 + NO + H_2O$$

铵盐的热分解随组成铵盐的酸根的性质及分解条件的不同而有不同的分解方式，硝酸盐的热分解则随金属元素活泼性的不同而不同。

硝酸具有强氧化性。亚硝酸及其盐既有氧化性也有还原性。

$$Fe^{2+} + NO_2^- + 2HAc === Fe^{3+} + NO + H_2O + 2Ac^-$$

$$Fe^{2+} + NO + 5H_2O === [Fe(NO)(H_2O)_5]^{2+}（棕色）$$

上式中，$[Fe(NO)(H_2O)_5]^{2+}$ 可简写为 $[Fe(NO)]^{2+}$。

NO_3^- 与 $FeSO_4$ 在浓 H_2SO_4 介质中生成棕色 $[Fe(NO)]^{2+}$：

$$3Fe^{2+} + NO_3^- + 4H^+ === 3Fe^{3+} + NO + 2H_2O$$

$$Fe^{2+} + NO === [Fe(NO)]^{2+}$$

在试液与浓硫酸液层界面处生成的 $[Fe(NO)]^{2+}$ 呈棕色环状。此方法可用于鉴定 NO_3^-。

磷酸为非氧化性的三元中强酸，分子间易脱水缩合成环状或链状的多磷酸，如偏磷酸、焦磷酸等，这些酸根对金属离子有很强的配位能力，故可用于做金属离子的掩蔽剂、软水剂、去垢剂等。

与磷酸的分级解离相对应，易溶的磷酸盐发生分级水解。在难溶的磷酸盐中，正盐的溶解度最小。

（四）碳、硅、硼

碳酸盐与盐酸反应生成二氧化碳，通入 $Ba(OH)_2$ 能变浑浊，常用于鉴定 CO_3^{2-}。

硅酸是一种不溶于水的二元酸。易发生缩合作用，从水中析出呈凝胶状，烘干、脱水后得到一种干燥剂——硅胶。

大多数硅酸盐难溶于水。硅酸钠溶于水，但水解作用明显。过渡金属硅酸盐有颜色，可作有色硅酸盐玻璃。

硼酸是一元弱酸。它在水中的解离不同于一般一元弱酸。硼酸是 Lewis 酸，能与多羟基醇发生加合反应，使溶液的酸性增强。

硼砂的水溶液因水解而呈碱性。硼砂溶液与酸反应可析出硼酸。硼砂受强热脱水熔化为玻璃体，与不同金属的氧化物或盐类熔融生成具有不同特征颜色的偏硼酸复盐。此即为硼砂珠实验。

五、实验内容

（一）卤素

（1）卤化氢的还原性　向通风橱中的三支干燥的试管中，分别加入绿豆粒大小的 NaCl、KBr、KI 固体，再分别加入 2～3 滴浓 H_2SO_4，观察现象，并分别用玻璃棒蘸浓氨水、淀粉-碘化钾试纸和醋酸铅试纸检验逸出的气体，多余的气体均通入 $2mol \cdot L^{-1}$ 的 NaOH 溶液中。实验结束后立即清洗试管。

（2）氯气、卤素含氧酸盐的制备及其氧化性

① 在通风橱中，采用图 1-3 加热装置。在烧瓶中装 $15g$ $MnO_2(s)$，分液漏斗中装 $30mL$ 浓 HCl，加热制备氯气。制备的氯气依次通入 $20mL$ 饱和氯化钠溶液以去除水分，$20mL$ $2mol \cdot L^{-1}$ KOH 溶液以得到氯酸钾，$20mL$ $2mol \cdot L^{-1}$ NaOH 溶液以制得次氯酸钠，多余的氯气用 $2mol \cdot L^{-1}$ NaOH 溶液吸收。

② 取 4 支试管，在第一支试管中加入 4～5 滴 $0.2mol \cdot L^{-1}$KI 溶液和 1 滴淀粉溶液；在第二支试管中加入 4～5 滴 $0.2mol \cdot L^{-1}$ 的 $MnSO_4$ 溶液；在第三支试管中加 2 滴品红溶液；第四支试管中加入 4～5 滴浓 HCl。分别取步

骤①制备的次氯酸钠溶液 1mL，加入到这四支试管中，摇匀后观察现象并写出反应方程式。

③ 将步骤①制备的氯酸钾晶体配成溶液。再向 1mL 0.2mol·L^{-1} KI 溶液和 1 滴淀粉溶液的试管中，加入几滴自配氯酸钾溶液，观察实验现象。向混合液中继续滴加自配氯酸钾溶液，又有何变化？写出反应方程式。

（二）氧、硫

（1）过氧化氢的性质

① 分解及氧化还原性　用 3% H_2O_2 溶液、0.2mol·L^{-1} Pb(NO$_3$)$_2$ 溶液、0.2mol·L^{-1} KMnO$_4$ 溶液、硫代乙酰胺溶液、3mol·L^{-1} H_2SO_4 溶液、0.2mol·L^{-1} KI 溶液、MnO$_2$(s) 设计一组实验，验证 H_2O_2 的分解及氧化还原性。

② H_2O_2 的鉴定反应　在试管中加入 2mL 3% H_2O_2 溶液、0.5mL 乙醚、0.5mL 3mol·L^{-1} H_2SO_4 溶液和 3～4 滴 0.5mol·L^{-1} K$_2$Cr$_2$O$_7$ 溶液，振荡试管，观察溶液和乙醚层的颜色有何变化。

（2）硫化氢的生成与性质

准备齐试管配套的橡胶塞（并装有玻璃弯管、乳胶管、尖嘴玻璃管等导气装置）。向试管中加入 3g FeS，再倒入 5～6mL 6mol·L^{-1} HCl 溶液，迅速盖上橡胶塞。

① 用湿润的醋酸铅试纸检验气体。

② 排尽空气后，点燃玻璃尖嘴，观察火焰颜色。然后将气体导入装有去离子水的试管中备用。

③ 向试管中滴入 0.02mol·L^{-1} KMnO$_4$ 溶液 1mL 并滴入 2 滴 3mol·L^{-1} H_2SO_4 溶液，然后滴入饱和 H_2S 溶液，观察实验现象，写出反应方程式。

④ 在点滴板上滴 1 滴 H_2S 溶液、1 滴 NaOH 溶液、1 滴 1% 亚硝基铁氰化钠 Na$_2$[Fe(CN)$_5$NO] 溶液，观察现象。

（3）多硫化物的性质与鉴定　在试管中加入 0.1mol·L^{-1} Na$_2$S 溶液和少量硫粉，加热数分钟，观察溶液颜色的变化。吸取清液于另一试管中，加入 2mol·L^{-1} HCl 溶液，观察现象，并用湿润的醋酸铅试纸检验逸出的气体。写出有关反应方程式。

（4）亚硫酸盐的性质与鉴定

① 向 1mL 0.5mol·L^{-1} Na$_2$SO$_3$ 溶液中加入 0.5mL 稀硫酸，分至两试管中，一试管中加入饱和 H_2S 溶液，另一份加入 1 滴 KMnO$_4$ 溶液（0.02mol·L^{-1}），观察现象，写出反应方程式。

② 在点滴板上加饱和 ZnSO$_4$ 溶液和 0.1mol·L^{-1} K$_4$[Fe(CN)$_6$] 溶液各

1 滴，再加 1 滴 1% 的 $Na_2[Fe(CN)_5NO]$ 溶液，最后加 1 滴含 SO_3^{2-} 的溶液，用玻璃棒搅拌，观察现象。

（5）硫代硫酸盐的性质与鉴定

① 在试管中加入几滴 $0.1mol \cdot L^{-1}$ $Na_2S_2O_3$ 溶液和 $2mol \cdot L^{-1}$ HCl 溶液，振荡片刻，观察现象，并用湿润的蓝色石蕊试纸检验逸出的气体，写出反应方程式。

② 取几滴 $0.01mol \cdot L^{-1}$ 碘水，加 1 滴淀粉溶液，逐滴加入 $0.1mol \cdot L^{-1}$ $Na_2S_2O_3$ 溶液，观察现象。写出反应方程式。

③ 取几滴饱和氯水，滴加 $0.1mol \cdot L^{-1}$ $Na_2S_2O_3$ 溶液，检验是否有 SO_4^{2-} 生成。

④ 在点滴板上加 1 滴 $0.1mol \cdot L^{-1}$ $Na_2S_2O_3$ 溶液，再加 1 滴 $0.1mol \cdot L^{-1}$ $AgNO_3$ 溶液至有白色沉淀生成，观察沉淀颜色的变化。写出有关的反应方程式。

（6）过二硫酸盐的氧化性　在试管中加入 1mL $3mol \cdot L^{-1}$ H_2SO_4 溶液、3mL 蒸馏水、3 滴 $0.002mol \cdot L^{-1}$ $MnSO_4$ 溶液，混合均匀后分成两份。

在第一份中加入少量 $K_2S_2O_8$ 固体，第二份中加入 1 滴 $0.1mol \cdot L^{-1}$ $AgNO_3$ 溶液和少量 $K_2S_2O_8$ 固体。将两支试管放入同一热水浴中加热，溶液的颜色有何变化？比较发生的变化并解释变化的原因，写出反应方程式。

（三）氮、磷

（1）NH_4^+ 鉴定

① 在试管中加入少量 $0.1mol \cdot L^{-1}$ NH_4Cl 溶液和 $2mol \cdot L^{-1}$ NaOH 溶液，微热，用湿润的红色石蕊试纸在试管口检验逸出的气体。写出有关反应方程式。

② 在滤纸上加 1 滴奈斯勒试剂，代替红色石蕊试纸重复实验① ，观察现象。写出有关反应方程式。

（2）硝酸（在通风橱中进行）

① 准备两支试管，一支加入 5 滴 $3mol \cdot L^{-1}$ H_2SO_4 溶液，另一支加入 10 滴 $1mol \cdot L^{-1}$ $NaNO_2$ 溶液。两支试管均在冰水中冷却后，将 H_2SO_4 溶液倒入 $NaNO_2$ 溶液中继续冷却并观察现象。将试管自冰水中取出，放置片刻，又有什么现象发生？

② 硝酸的氧化性　在试管内加入少量锌粉，加入 1mL $2mol \cdot L^{-1}$ HNO_3 溶液，观察反应现象。如不反应，可微热。检验溶液中是否有铵根离子生成。

若把锌粉换成铜片，现象又如何？

若把锌粉换成铜片，$2mol \cdot L^{-1}$ HNO_3 溶液换成浓硝酸，现象又如何？试解释原因。

③ 硝酸根离子的鉴定　在小试管中加入豆粒大的 $FeSO_4 \cdot 7H_2O$ 晶体和 5 滴 $0.5mol \cdot L^{-1}$ $NaNO_3$ 溶液，摇匀后斜持试管，沿管壁慢慢流入 1 滴管浓硫酸。浓硫酸的相对密度比上述液体大，因此会流入试管底部形成两层（注意不要振动），这时两层液体界面上将有一棕色环。

（3）亚硝酸盐及其性质（在通风橱中进行）

① 亚硝酸盐的氧化性　在 1 滴 $1mol \cdot L^{-1}$ $NaNO_2$ 溶液中加 1 滴水、1 滴 $0.2mol \cdot L^{-1}$ KI 溶液，溶液有什么变化？再加入 1 滴 $3mol \cdot L^{-1}$ H_2SO_4 溶液，溶液有何变化？

② 亚硝酸盐的还原性　在 1 滴 $1mol \cdot L^{-1}$ $NaNO_2$ 溶液中加 1 滴水、1 滴 $0.02mol \cdot L^{-1}$ $KMnO_4$ 溶液，溶液有什么变化？再加入 1 滴 $3mol \cdot L^{-1}$ H_2SO_4 溶液，溶液有何变化？

③ 亚硝酸根离子的鉴定　取 1 滴 $1mol \cdot L^{-1}$ $NaNO_2$ 溶液于试管中，加入 3 滴水，再滴入数滴 $6mol \cdot L^{-1}$ HAc 溶液，然后加 1 滴对氨基苯磺酸和 1 滴 α-萘胺，溶液显红色。

（4）磷酸盐的性质

① 酸碱性　用 pH 试纸分别测 $0.1mol \cdot L^{-1}$ Na_3PO_4 溶液、$0.1mol \cdot L^{-1}$ Na_2HPO_4 溶液、$0.1mol \cdot L^{-1}$ NaH_2PO_4 溶液的 pH。写出有关反应方程式并加以说明。

② 溶解性　在 3 支试管中各加入几滴 $0.1mol \cdot L^{-1}$ $CaCl_2$ 溶液，然后分别滴加 $0.1mol \cdot L^{-1}$ Na_3PO_4 溶液、$0.1mol \cdot L^{-1}$ Na_2HPO_4 溶液、$0.1mol \cdot L^{-1}$ NaH_2PO_4 溶液，观察现象。再滴加 $2mol \cdot L^{-1}$ 氨水，各有什么变化？然后又加 $2mol \cdot L^{-1}$ 盐酸，又有什么变化？写出有关反应方程式。

③ 配位性　在试管中加入 $1mL$ $0.1mol \cdot L^{-1}$ $CuSO_4$ 溶液，然后逐滴加入 $0.1mol \cdot L^{-1}$ $Na_4P_2O_7$ 溶液，观察现象，写出有关反应方程式。

（5）PO_4^{3-} 的鉴定　取几滴 $0.1mol \cdot L^{-1}$ Na_3PO_4 溶液，加 $0.5mL$ 浓硝酸，再加 $1mL$ 钼酸铵试剂，在水浴上微热到 $40 \sim 45℃$，观察现象。写出反应方程式。

（四）硼、碳、硅

（1）硼酸和硼砂的性质

① 硼酸性质　在试管中加入约 $0.5g$ 硼酸晶体和 $3mL$ 去离子水，观察溶解情况。微热后使其全部溶解。冷至室温，用 pH 试纸测其 pH。在硼酸溶液

中滴入 3~4 滴甘油，再测溶液的 pH。解释 pH 变化的原因。

② 硼酸鉴定　在蒸发皿中放入少量硼酸晶体、1mL 乙醇和几滴浓硫酸。混合后点燃，观察火焰的颜色有何特征。

③ 硼砂珠实验　用 6mol·L^{-1} HCl 溶液清洗铂丝，然后放在煤气灯的氧化焰上灼烧片刻，取出再浸入盐酸中。如此反复几次，直至铂丝在氧化焰上灼烧不再产生离子颜色，表示铂丝洗净了。然后将铂丝蘸一些硼砂固体，在氧化焰中灼烧并熔融成圆珠，观察硼砂珠的颜色、状态。

用烧热的硼砂珠分别沾上少量硝酸钴和三氯化铬固体，熔融之。冷却后再观察硼砂珠的颜色，写出相应反应方程式。

(2) CO_3^{2-} 的鉴定　在试管中加入 1mL 0.1mol·L^{-1} Na$_2$CO$_3$ 溶液，再加入半滴管 2mol·L^{-1} HCl 溶液，立即用带导管的塞子盖紧试管口，将产生的气体通入饱和 Ba(OH)$_2$ 溶液中，观察现象。写出有关反应方程式。

(3) 硅酸盐的性质

① 在试管中加入 1mL 0.5mol·L^{-1} Na$_2$SiO$_3$ 溶液，用 pH 试纸测其 pH。然后逐滴加入 6mol·L^{-1} HCl 溶液，使溶液的 pH 在 6~9，观察硅酸凝胶的生成（若无凝胶生成可微热）。

②"水中花园"实验

在 50mL 烧杯中加入约 30mL 20% 的 Na$_2$SiO$_3$ 溶液，然后分散加入 CaCl$_2$、CuSO$_4$·5H$_2$O、ZnSO$_4$·7H$_2$O、Fe$_2$(SO$_4$)$_3$、Co(NO$_3$)$_2$·6H$_2$O、NiSO$_4$·7H$_2$O 晶体各一小粒，静置 1~2h 后，观察"石笋"的生成和颜色。

思考题

(1) 如何区分 NaClO、NaClO$_3$？
(2) 如何区分三种气体：氯化氢、二氧化硫、硫化氢。
(3) 设计三种区分硝酸钠、亚硝酸钠的方法。
(4) 用酸溶解磷酸银沉淀，盐酸、硫酸、硝酸哪一种最适宜？为什么？

实验15 酸碱标准溶液的配制与滴定——酸碱滴定法

(4 学时)

一、预习内容

(1) 基准物的定义及预处理方法。

(2) 标准溶液的间接配制法——标定法。

(3) 酸、碱滴定管的使用和酸碱滴定操作。

(4) 分析天平的使用。

二、实验目的

(1) 学会用基准物标定盐酸溶液的浓度和氢氧化钠溶液的浓度。

(2) 学会酸、碱滴定管的使用和酸碱滴定操作。

(3) 掌握分析天平的使用。

(4) 学会数据处理与分析。

三、主要仪器与试剂

台秤（0.1g）、分析天平（0.0001g）、酸式滴定管（50mL）、碱式滴定管（50mL）、乳胶头、锥形瓶（250mL，3个）、移液管（10mL）、称量纸、烧杯、量筒、容量瓶（100mL）

NaOH(s)、酚酞指示剂（$2g \cdot L^{-1}$）、乙醇溶液、甲基橙（$1g \cdot L^{-1}$）、浓盐酸、凡士林、浓醋酸、食用白醋

邻苯二甲酸氢钾基准物（分子量 204.22）：用前在烘箱内烘干（105～110℃）至恒重，取出后，置于干燥器内保存。

Na_2CO_3 基准物质：先置于烘箱中烘干（270～300℃）至恒重，保存于干燥器中。

四、实验原理

标定 NaOH 溶液的基准物质常用邻苯二甲酸氢钾，其反应式如下：

$$KOOCC_6H_4COOH + NaOH \Longrightarrow KOOCC_6H_4COONa + H_2O$$

滴至反应完全时，溶液的 pH 为 9.1。用酚酞当指示剂（8.0～9.8）指示终点，指示剂颜色由无变红，其终点颜色为微红色。根据反应计量关系，可计算出 NaOH 的准确浓度。

同样，标定 HCl 溶液的基准物质常用无水 Na_2CO_3，其反应式如下：

$$Na_2CO_3 + 2HCl \Longrightarrow 2NaCl + CO_2 + H_2O$$

滴至反应完全时，溶液的 pH 为 3.89。用甲基橙当指示剂（pH3.1～4.4）指示终点，指示剂颜色由黄色变橙红色，其终点颜色为橙色。根据反应计量关系，可计算出 HCl 溶液的准确浓度。

由于测定和测量存在一定误差，根据数理统计原理，只有当不存在系统测量误差时，无限多次测量的平均结果才接近真实值。实际工作中，我们不可能

对盐酸溶液进行无限多次标定，只能进行有限次测量，对于 3 次以上的测量，利用数理统计的方法，通过计算其平均值、相对平均偏差、标准偏差及置信限度，可以判断测定结果的接近程度及实验的精密性。

五、实验内容

（一）0.1mol·L⁻¹ NaOH 溶液的配制和标定

（1）配制　估计实验所需的量，用台秤称固体 NaOH，取适量的水溶解后，稀释至预先算好的容积。

（2）标定　用分析天平准确称取邻苯二甲酸氢钾 0.4～0.5g 三份，记录好每份准确质量，各置于做好标记的 250mL 锥形瓶中，每份加入 50mL 刚煮沸并已放冷的蒸馏水使其溶解，再加入 1～2 滴酚酞指示剂。

用待标定的 NaOH 溶液润湿经检验不漏的碱式滴定管，然后装液，赶气泡，调 0.00mL 刻度。滴定邻苯二甲酸氢钾溶液，注意边滴边摇锥形瓶，滴速由线式滴定到一滴一滴滴加，最后半滴滴加，用洗瓶冲洗锥形瓶内壁，直至锥形瓶内溶液变微红色，30s 不褪色为终点。记录消耗的 NaOH 溶液的体积于表 2-9，计算出 NaOH 溶液的浓度 c(NaOH)。

三份溶液平行测定的相对平均偏差应不超过 0.15%。

（二）白醋中醋酸浓度测定

准确移取食用白醋 10.00mL 置于 100mL 容量瓶中，用蒸馏水稀释至刻度、摇匀。

用 10mL 移液管分取 3 份上述溶液，分别置于 250mL 锥形瓶中，加入酚酞指示剂 2 滴，用已知浓度的 NaOH 标准溶液滴定，边滴边摇锥形瓶，直至锥形瓶内溶液变微红色且在 30s 内不褪色即为终点。记录消耗的 NaOH 溶液的体积于表 2-10，计算每 100mL 食用白醋中含醋酸的质量。

（三）0.1mol·L⁻¹ HCl 溶液的配制和标定

（1）配制　在通风橱中用洁净的量筒量取约 5mL 浓 HCl 溶液，倒入装有适量蒸馏水的试剂瓶中，加蒸馏水稀释至约 500mL，盖上玻璃塞，摇匀，即得 0.1mol·L⁻¹ HCl 溶液。

（2）标定　用减量法在分析天平上称取无水 Na_2CO_3 0.15～0.20g 三份，分别置于已经标记好的 250mL 锥形瓶中，各加入 80mL 蒸馏水，使其完全溶解。再依次加入一滴甲基橙溶液。

用待标定的盐酸溶液润湿已检漏且洗净的酸式滴定管，装液，赶气泡，调

0.00mL 刻度。滴定碳酸钠溶液，边滴边摇锥形瓶，直至锥形瓶内溶液由黄色变橙色，记录消耗的盐酸体积于表 2-11，计算出 HCl 溶液的浓度 $c(HCl)$。

按上述操作，再滴两份。观察三份溶液平行测定的结果接近程度。

六、数据记录、处理与分析

表 2-9 氢氧化钠溶液浓度的标定

项目	1	2	3
$m(KHC_8H_4O_4)$ /g			
$V(NaOH) = V_终 - V_始$/mL			
$c(NaOH)/(mol \cdot L^{-1})$			
$\bar{c}^{①}/(mol \cdot L^{-1})$			
绝对偏差 d_i			
平均偏差 $\bar{d}$			
标准偏差 s			
$\bar{c} \pm \dfrac{t^{②}s}{\sqrt{n}}$			

①弃去离群值后的计算值。

②要求在 95% 的置信水平下报告标定结果。

表 2-10 白醋中醋酸含量的测定

项目	1	2	3
$V(HAc)$ /mL	10.00	10.00	10.00
$V(NaOH) = V_终 - V_始$/mL			
$c(HAc)$ /$(mol \cdot L^{-1})$			
$\bar{c}/(mol \cdot L^{-1})$			
$\bar{w}/(g/100mL)$			
绝对偏差 d_i			
平均偏差 $\bar{d}$			
标准偏差 s			
$\bar{w} \pm \dfrac{t^{①}s}{\sqrt{n}}$			

①弃去离群值后的计算值。

②要求在 95% 的置信水平下报告标定结果。

表 2-11 盐酸溶液浓度的标定

项目	1	2	3
$m(Na_2CO_3)$ / g			
$V(HCl) = V_{终} - V_{始}$ /mL			
$c(HCl)$ /(mol·L^{-1})			
$\bar{c}^{①}$/(mol·L^{-1})			
标准偏差 s			
$\bar{c} \pm \dfrac{t^{②}s}{\sqrt{n}}$			

①弃去离群值后的计算值。

②要求在 95% 的置信水平下报告标定结果。

思考题

（1）标定得到的 NaOH 溶液、HCl 溶液的浓度如何表示？

（2）本实验 NaOH 固体的称量、浓盐酸的量取，操作合理吗？可不可以用分析天平和移液管？

实验16 自来水硬度的测定——配位滴定法

（4学时）

一、预习内容

（1）金属指示剂的选择。

（2）配位滴定原理。

二、实验目的

（1）掌握配位滴定的基本原理、方法和计算。

（2）掌握铬黑 T、钙指示剂的使用条件和终点变化。

三、主要仪器与试剂

台秤（0.1g）、分析天平（0.0001g）、酸式滴定管、锥形瓶（250mL）、容

量瓶（250mL）、试剂瓶（500mL）、烧杯（100mL）、移液管（25mL、100mL）、量筒

Na$_2$S溶液（20g·L^{-1}）、三乙醇氨溶液（200g·L^{-1}）、盐酸（1：1）、氨水（1：2）

EDTA标准溶液（0.01mo·L^{-1}）：称取2g乙二胺四乙酸二钠盐（Na$_2$H$_2$Y·2H$_2$O，分子量372.24）于250mL烧杯中，用水溶解，容量瓶定容至500mL。如溶液需保存，最好将溶液储存在聚乙烯塑料瓶中。

氨性缓冲溶液（NH$_3$-NH$_4$Cl，pH＝10）：称取20g NH$_4$Cl固体溶解于水中，加100mL浓氨水，用水稀释至1L。

甲基红（1g·L^{-1}）：称0.1g甲基红溶于60mL乙醇中，加水稀释至100mL。

Mg^{2+}-EDTA溶液：先配制0.05mol·L^{-1} MgCl$_2$溶液和0.05mol·L^{-1} EDTA溶液各500mL，然后在pH＝10的氨性条件下，以铬黑T指示剂，用上述EDTA滴定Mg^{2+}，按所得比例把MgCl$_2$和EDTA混合，确保$n_{Mg^{2+}}$：n_{EDTA}＝1：1。

铬黑T（EBT）溶液：称取0.5g铬黑T，加入25mL三乙醇胺、75mL乙醇溶解。

钙指示剂（0.05g·L^{-1}）：称取0.5g钙指示剂［2-羟基-1-(2-羟基-4-磺酸基-1-萘偶氮)-3-萘甲酸］，加入25mL三乙醇胺、75mL乙醇溶解。

金属锌（99.99%）：取适量锌片或锌粒置于小烧杯中，用0.1mol·L^{-1} HCl溶液清洗1min，以除表面的氧化物，再用自来水和蒸馏水洗净，将水沥干，放入100℃干燥箱中烘干（不要过分烘烤），冷却。

四、实验原理

水的硬度分为水的总硬度和钙、镁硬度两种，前者是指Ca^{2+}、Mg^{2+}总量，后者则分别是Ca^{2+}和Mg^{2+}的含量。各国表示水硬度的方法不尽相同。我国以含Ca^{2+}、Mg^{2+}离子量折合成CaO的量来表示水的硬度。1 L水中含有10mg CaO时为1°。按水的硬度大小可将水质分类，极软水（0°～3°）、软水（4°～8°）、中硬水（16°～30°）、极硬水（30°以上）。我国生活饮用水规定，自来水的硬度不得超过25°。

用EDTA络合滴定法测定水的总硬度时，可在pH＝10的氨性缓冲溶液进行，用EBT（铬黑T）作指示剂，用三乙醇胺掩蔽水中的Fe^{3+}、Al^{3+}、Cu^{2+}、Pb^{2+}、Zn^{2+}等共存离子，再用EDTA直接滴定水中的Ca^{2+}、Mg^{2+}总量。

$$水的总硬度 = \frac{(cV)_{EDTA}M_{CaO}\times1000}{V_{水样}} \ (mg·L^{-1})$$

在测定 Ca^{2+} 时，先用 NaOH 溶液调节溶液的 pH 为 12～13，使 Mg^{2+} 转变成 $Mg(OH)_2$ 沉淀。再加入钙指示剂，其与 Ca^{2+} 形成红色的配合物。EDTA 滴定时，先与游离的 Ca^{2+} 配位，然后夺取已和指示剂配位的 Ca^{2+}，溶液由红色变为蓝色，即为终点。根据用去的 EDTA 量计算 Ca^{2+} 的浓度，从相同水样的 Ca^{2+}、Mg^{2+} 总量中减去 Ca^{2+} 的量，即得 Mg^{2+}。

由于 EBT 与 Mg^{2+} 显色灵敏度高，与 Ca^{2+} 显色灵敏度低，所以当水样中 Mg^{2+} 含量较低时，用 EBT 作指示剂往往得不到敏锐的终点。这时可在缓冲溶液中加入一定量 Mg^{2+}-EDTA 溶液来提高终点变色的敏锐性。

五、实验内容

（一）EDTA 的标定

准确称取 0.17～0.20g 金属锌置于 100mL 烧杯中，加入 5mL HCl 溶液（1∶1），立即盖上干净的表面皿，待反应完全后，将溶液转入 250mL 容量瓶中。再用水冲洗表面皿及烧杯壁，洗涤液也转入 250mL 容量瓶中。最后用水稀释至刻度，摇匀，计算 Zn^{2+} 标准溶液浓度。

用移液管移取 25.00mL Zn^{2+} 的标准溶液于 250mL 锥形瓶中，加甲基红 1 滴，再滴加氨水（1∶2），边滴边摇，至溶液由红色变黄色（中和过量的盐酸）。加蒸馏水 25mL，氨性缓冲溶液 10mL，摇匀，加铬黑 T 指示剂 2～3 滴，摇匀，用 EDTA 溶液滴至溶液由紫红色变为纯蓝色即为终点。记录消耗 EDTA 的体积于表 2-12。平行实验三次。取消耗 EDTA 的平均体积，计算 EDTA 溶液的准确浓度。

（二）自来水总硬度测定

（1）水中总硬度的测定　用移液管移取 100.00mL 水桶中的自来水于 250mL 锥形瓶中，加入 3mL 200g·L^{-1} 三乙醇胺溶液，5mL Mg^{2+}-EDTA 溶液，5mL NH_3-NH_4Cl 缓冲溶液，2～3 滴 5g·L^{-1} 铬黑 T 指示剂，用已标定的 EDTA 溶液滴定，边滴边摇锥形瓶，至锥形瓶内溶液由红色变为纯蓝色即为终点，记录消耗的 EDTA 溶液的体积 V_1 于表 2-13。平行滴定三份，计算水的总硬度。

（2）Ca^{2+} 的测定　用移液管移取水桶中的自来水 100.00mL 于 250mL 锥形瓶中，加 2mL 6mol·L^{-1} NaOH 溶液（pH=12～13）、4～5 滴 0.05mol·L^{-1} 钙指示剂。用已标定的 EDTA 溶液滴定，同时不断摇动锥形瓶，当溶液变为纯蓝色时，即为终点，记下所用 EDTA 体积 V_2 于表 2-14。用同样方法平行测定三份，计算出 Ca^{2+} 的浓度，进而计算 Mg^{2+} 的浓度。

按下式分别计算 Ca^{2+}、Mg^{2+} 总量（用 CaO 含量表示，单位 $mg \cdot L^{-1}$）和 Ca^{2+}、Mg^{2+} 浓度。

$$总硬度 = \frac{(cV_1)_{EDTA}M_{CaO} \times 1000}{V_{水样}} \ (mg \cdot L^{-1})$$

$$c_{Ca^{2+}} = \frac{(cV_2)_{EDTA} \times 1000}{V_{水样}} \ (mmol \cdot L^{-1})$$

$$c_{Mg^{2+}} = \frac{(cV_1 - cV_2)_{EDTA} \times 1000}{V_{水样}} \ (mmol \cdot L^{-1})$$

六、数据整理

表 2-12　EDTA 溶液浓度的标定

项目	1	2	3
锌离子标准溶液 V/mL			
$V_{EDTA} = V_{终} - V_{始}$/mL			
c_{EDTA}/(mol·L^{-1})			
$\bar{c}$/(mol·L^{-1})			

表 2-13　自来水总硬度的测定

项目	1	2	3
$V_{水}$/mL	100.00	100.00	100.00
V_1/mL			
自来水的总硬度/(mg·L^{-1})			
自来水的平均总硬度/(mg·L^{-1})			

表 2-14　Ca^{2+} 的测定

项目	1	2	3
$V_{水}$/mL	100.00	100.00	100.00
V_2/mL			
$c_{Ca^{2+}}$/(mmol·L^{-1})			
$\bar{c}_{Ca^{2+}}$/(mmol·L^{-1})			
$c_{Mg^{2+}}$/(mmol·L^{-1})			

思考题

（1）金属指示剂必须满足什么条件？

（2）在测定水的硬度时，在锥形瓶中先加水样，再加氨性缓冲溶液、三乙醇胺溶液、铬黑 T 指示剂，然后用 EDTA 溶液滴定，结果会怎么样？

（3）自来水中总硬度测定能不能控制整个系统 pH＝12～13？

实验17 双氧水中 H_2O_2 含量的测定（高锰酸钾法）——氧化还原滴定法

（4学时）

一、预习内容

（1）氧化还原反应滴定突跃范围、化学计量点时电极电势确立。

（2）氧化还原指示剂的选择。

二、实验目的

（1）掌握高锰酸钾标准溶液的配制和标定方法。

（2）学习高锰酸钾法测定过氧化氢含量的原理和方法。

三、主要仪器与试剂

台秤、分析天平（0.0001g）、试剂瓶（棕色）、玻砂漏斗、水浴锅、酸式滴定管（棕色、50mL）、锥形瓶（250mL）、移液管（10mL、25mL）、容量瓶（250mL）、H_2SO_4（3mol·L^{-1}）、$KMnO_4$（固体，AR）

$Na_2C_2O_4$（固体，AR）：在 105～115℃条件下烘干 2h 备用。

双氧水溶液（30g·L^{-1}）：市售 30％ H_2O_2 溶液稀释 10 倍而成，贮存在棕色试剂瓶中。

四、实验原理

H_2O_2 在酸性溶液中能被定量、快速地氧化，因此可用高锰酸钾法测定其含量，有关反应式为：

$$5H_2O_2 + 2MnO_4^- + 6H^+ \Longrightarrow 2Mn^{2+} + 5O_2 + 8H_2O$$

该反应开始时缓慢，滴入的 $KMnO_4$ 溶液不易褪色。待 Mn^{2+} 生成后，由于 Mn^{2+} 的催化作用，反应速率加快，滴入的 $KMnO_4$ 溶液迅速褪色。化学计量点后，稍微过量的滴定剂 $KMnO_4$（约 10^{-6} mol·L^{-1}）不变色，溶液呈现微红色，指示滴定终点的到达。根据标准溶液 $KMnO_4$ 的浓度和消耗的体积，可计算出 H_2O_2 的含量。

若试样中含有乙酰苯胺等稳定剂，则不宜用 $KMnO_4$ 法测定，因为此类稳定剂也消耗 $KMnO_4$。这时可采用碘量法测定，先利用 H_2O_2 将 KI 氧化成 I_2，然后再用硫代硫酸钠标准溶液滴定生成的 I_2。

H_2O_2 在工业、生物、医药方面广泛应用。它可用于漂白毛、丝织物及消毒、杀菌。纯 H_2O_2 能作火箭燃料的氧化剂，也可利用 H_2O_2 的还原性除去氯气。在生物方面，可以用上述氧化还原滴定间接测出过氧化氢酶的活性。在血液中加入一定量的 H_2O_2，由于过氧化氢酶能使 H_2O_2 分解，作用完后，在酸性条件下用标准 $KMnO_4$ 溶液滴定剩余的 H_2O_2，就可以了解酶的活性。由于 H_2O_2 的应用广泛，故常常需测定它的含量。

五、实验内容

（一）$KMnO_4$ 溶液（0.02mol·L^{-1}）的配制

台秤上称取 1.6g 固体 $KMnO_4$，置于 1000mL 烧杯中，加 500mL 蒸馏水使其溶解，盖上表面皿，加热至沸并保持微沸状态约 1h。中间可补加一定量的蒸馏水，以保持溶液体积基本不变。冷却后将溶液转移至棕色瓶内，在暗处放置 2～3 天[❶]，然后用 G_3 或 G_4 砂芯漏斗过滤除去 MnO_2 等杂质，滤液贮存于棕色试剂瓶内备用。

另外，也可将 $KMnO_4$ 固体溶于煮沸过的蒸馏水中，让该溶液在暗处放置 6～10 天，用砂芯漏斗过滤备用。有时也可不经过滤而直接取上层清液进行实验。

（二）$KMnO_4$ 溶液的标定

精确称取 0.2g 左右预先干燥过的 $Na_2C_2O_4$ 三份，分别置于 250mL 的锥形瓶中，各加入 40mL 蒸馏水和 10mL 3mol·L^{-1} 的 H_2SO_4 溶液，使其溶解，慢慢加热直到有蒸汽冒出（约 75～85℃）。趁热用待标定的 $KMnO_4$ 溶液进行滴定，开始滴定时，速度宜慢，在第一滴 $KMnO_4$ 溶液滴入后，不断摇动溶

---

❶ 蒸馏水中常含有少量还原性物质，使 $KMnO_4$ 还原成 $MnO_2·nH_2O$。这也能加速 $KMnO_4$ 的分解。所以通常将 $KMnO_4$ 煮沸放置 2～3 天。

液，当紫红色褪去后，再滴入第二滴。待溶液中有 Mn^{2+} 生成后，反应速率加快，此时摇动溶液，滴定速度也可以加快，但不可线式连续滴定。接近滴定终点时，紫红色褪去很慢，应减慢滴速，并充分摇匀，以防超过终点。最后半滴半滴滴加，在摇匀后半分钟内仍保持微红色不褪，表明已达到终点。记下终读数❶于表 2-15。如此平行测定三份，计算 $KMnO_4$ 溶液的浓度。注意整个滴定过程温度要保持在 60℃ 以上❷。

（三）H_2O_2 含量的测定

用移液管移取 10.00mL 30g·L^{-1} H_2O_2 溶液试样于 250mL 容量瓶中，加蒸馏水稀释至刻度，摇匀。移取 25.00mL 该溶液 3 份，分别置于 250mL 锥形瓶中，各加 50mL 蒸馏水、5mL 3mol·L^{-1} H_2SO_4 溶液，然后用已标定的 $KMnO_4$ 溶液滴至溶液微红色并在 30s 内不褪色，即为终点，记录读数于表 2-16。如此平行滴定 3 次。计算 H_2O_2 试样的质量浓度。

六、实验数据记录、处理与分析

表 2-15　$KMnO_4$ 溶液的标定

项目	1	2	3
$m_{Na_2C_2O_4}$/g			
V_{KMnO_4}/mL			
c_{KMnO_4}/(mol·L^{-1})			
$\bar{c}_{KMnO_4}$/(mol·L^{-1})			
绝对偏差			
平均偏差			

表 2-16　$KMnO_4$ 溶液滴定 H_2O_2

项目	1	2	3
$V_{H_2O_2}$/mL			
V_{KMnO_4}/mL			

---

❶ $KMnO_4$ 溶液色深，液面弯月面不易看出，读数时应以液面的最高点为准。
❷ 室温下此反应较慢，所以要加热，但温度太高，超过 85℃，草酸会部分分解成二氧化碳、一氧化碳、水。

续表

项目	1	2	3
$\rho_{H_2O_2}/(g \cdot L^{-1})$			
$\bar{\rho}_{H_2O_2}/(g \cdot L^{-1})$			
绝对偏差			
平均偏差			

思考题

（1）用 $KMnO_4$ 溶液测定 H_2O_2 溶液时，能否用 HNO_3 溶液、HCl 溶液或 HAc 溶液来调节溶液酸度？为什么？

（2）用 $KMnO_4$ 溶液测定 H_2O_2 溶液时，能否在加热条件下滴定？为什么？

（3）配制 $KMnO_4$ 溶液时，过滤后的滤器上黏附的物质是什么？应选用什么物质清洗干净？

实验18 果蔬中维生素 C 含量的测定（直接碘量法）

（4学时）

一、预习内容

（1）维生素 C 的物理、化学性质及应用。

（2）碘、$Na_2S_2O_3$ 标准溶液的配制及标定方法。

二、实验目的

（1）掌握 I_2 标准溶液的配制和标定方法。

（2）了解直接碘量法测定抗坏血酸的原理和方法。

三、主要试剂和仪器

台秤（0.1g）、分析天平（0.0001g）、称量瓶、研钵、容量瓶（50mL）、碘量瓶或具塞锥形瓶（50mL）、量筒（20mL、10mL、5mL）、移液管（50mL）、酸式滴定管（棕色，10mL）、试剂瓶（棕色，250mL）、$Na_2S_2O_3$（固体，AR）、I_2

（固体，AR）、$K_2Cr_2O_7$（固体，基准试剂）、KI（$1mol \cdot L^{-1}$，固体，AR）、维生素C药片、淀粉溶液（0.5%）、Na_2CO_3（固体，AR）、HAc（1:1）、HCl（1:1）。

四、实验原理

维生素C又称抗坏血酸，分子式为$C_6H_8O_6$。由于维生素C分子中的烯二醇基具有还原性，能被I_2定量地氧化成二酮基，因此可通过I_2直接滴定法测定药片、注射液、饮料、蔬菜以及水果中维生素C的含量，反应式如下：

由于维生素C的还原性很强，在空气中极易被氧化，尤其在碱性介质中更甚，所以在测定时加入醋酸，使溶液显酸性，减少维生素C的副反应。考虑到碘在强酸性介质中也易被氧化，故一般选在pH为3～4的弱酸性溶液中进行滴定。

五、实验内容

（一）$K_2Cr_2O_7$（$0.01667mol \cdot L^{-1}$）标准溶液的配制

在分析天平上准确称取$K_2Cr_2O_7$约0.2452g置于50mL小烧杯中，用水溶解后，定量转移至50mL容量瓶中定容，摇匀。计算出准确浓度。

（二）$Na_2S_2O_3$（约$0.1mol \cdot L^{-1}$）溶液的配制及标定

称取2.5g $Na_2S_2O_3 \cdot 5H_2O$于烧杯中，加入100mL新煮沸并冷却的蒸馏水，溶解后，再加入约0.02g Na_2CO_3，贮存于棕色试剂瓶中，放置于暗处3～5天后标定。

准确移取5.00mL $K_2Cr_2O_7$标准溶液，置于50mL碘量瓶中，加入1mL HCl溶液（1:1）、2mL $1mol \cdot L^{-1}$ KI溶液，摇匀，加盖，放置暗处5min。待反应完全后，加入20mL蒸馏水，用待标定的$Na_2S_2O_3$溶液滴定，边滴边摇锥形瓶，直至锥形瓶中溶液至淡黄色，然后加入8滴淀粉指示剂，继续边摇边滴定至溶液呈现绿色，即为终点。记录消耗的$Na_2S_2O_3$体积于表2-17。平行标定3次。计算出$Na_2S_2O_3$的浓度。

（三）I_2（约 $0.05mol \cdot L^{-1}$）溶液的配制及标定

称取 $0.64g\ I_2$ 和 $1g\ KI$，置于研钵中，加入少量水在通风橱中研磨。待 I_2 全部溶解后，将溶液转入棕色试剂瓶中。加水稀释至 $50mL$，充分摇匀，放暗处保存。

移取 $Na_2S_2O_3$ 标准溶液 $5.00mL$，置于 $50mL$ 碘量瓶中，加水 $10mL$、淀粉指示剂 8 滴，用 I_2 溶液滴定，边滴边摇锥形瓶，直至锥形瓶内溶液呈稳定的蓝色，$30s$ 内不褪色，即为终点，记录消耗的 I_2 体积于表 2-17。平行标定 3 份。求算 I_2 的浓度。

（四）果蔬试样中维生素 C 含量的测定

用 $100mL$ 干燥小烧杯准确称取 $50g$ 左右捣碎了的果蔬试样，将其转入 $250mL$ 锥形瓶中，用蒸馏水冲洗小烧杯 $1\sim2$ 次。再向锥形瓶中加入 $10mL$ $2mol \cdot L^{-1}$ HAc 溶液和 $3mL$ $2g \cdot L^{-1}$ 淀粉溶液，然后用 I_2 标准溶液滴定至试液由红色变为蓝紫色即为终点，记录消耗的 I_2 体积于表 2-18。平行测定 3 次。计算维生素 C 的含量。

六、实验数据记录与处理

表 2-17　$Na_2S_2O_3$ 溶液、I_2 溶液的标定

项目	1	2	3
V_{KMnO_4}/mL			
$V_{Na_2S_2O_3}$/mL			
$c_{Na_2S_2O_3}$/$(mol \cdot L^{-1})$			
$\bar{c}_{Na_2S_2O_3}$/$(mol \cdot L^{-1})$			
V_{I_2}/mL			
c_{I_2}/$(mol \cdot L^{-1})$			
$\bar{c}_{I_2}$/$(mol \cdot L^{-1})$			

表 2-18　果蔬中维生素 C 含量的测定

项目	1	2	3
m（果蔬试样）/g			
V_{I_2}/mL			

续表

项目	1	2	3
维生素 C 的含量/(mg/100g)			
维生素 C 的平均含量/(mg/100g)			
相对偏差/%			
平均偏差/%			

思考题

（1）溶解 I_2，加入过量的 KI 的作用是什么？

（2）能否直接配制 $Na_2S_2O_3$ 标准溶液？$Na_2S_2O_3$ 固体溶解时，为什么要加新煮沸并冷却的蒸馏水？配制过程中为什么要加入 Na_2CO_3 溶液？

（3）为什么不能用 $K_2Cr_2O_7$ 直接标定 $Na_2S_2O_3$，而采用间接法？为什么 $K_2Cr_2O_7$ 与 I_2 溶液反应必须加酸，还要放置 5min？滴定前加水稀释的目的是什么？

（4）碘量法的误差来源有哪些？应采取哪些措施减小误差？

实验19　钨铼合金中铼含量的测定（丁二酮肟分光光度法）

（4学时）

一、预习内容

（1）查资料学习铼及其元素化合物的物理、化学性质。

（2）紫外-可见分光光度计的使用。

（3）光度法测定原理，测试条件。

二、实验目的

（1）了解铼及其元素化合物的理化性质、用途。

（2）学会检索资料，分析、概括总结资料。

（3）掌握用分光光度法检测的一般步骤。

（4）掌握丁二酮肟分光光度法测定铼的原理。

三、主要仪器与试剂

紫外-可见分光光度计、分析天平、容量瓶（1000mL、100mL）、研钵

H_2O_2（30%）、NaOH（10%）、Na_2CO_3（20%）、柠檬酸（40%）、HCl（2mol·L^{-1}、4mol·L^{-1}）、丁二酮肟乙醇溶液（10g·L^{-1}）、钨铼合金丝（铼含量0.5%~5%）、金属铼粉二氯化锡（250g·L^{-1}）、盐酸溶液（1∶1）

铼标准溶液（0.1μg·mL^{-1}）：称取预先于105~110℃烘干2h的0.1000g金属铼粉（质量分数大于99.99%）于250mL烧杯中，用少许水润湿，加5mL 30% H_2O_2溶液，盖上表面皿，电热板上低温加热至完全溶解，冷却。再加5mL 10%氢氧化钠溶液，低温加热至小气泡冒尽（除去过量的H_2O_2），冷却后，转入1000mL容量瓶中，用水稀释至刻度，混匀。

钨的标准溶液（5mg·mL^{-1}）：称取1.2611g预先在100~110℃干燥1h并经冷却的优级纯三氧化钨（WO_3）于150mL聚乙烯烧杯中，加30~40mL 20% NaOH溶液加热溶解，冷却。转入200mL聚乙烯容量瓶中，稀释至刻度，摇匀。钨浓度为5mg·mL^{-1}。

四、实验原理

试样在过氧化氢溶液中溶解，再用氢氧化钠分解过量的过氧化氢，然后用氯化亚锡还原，试液中Re(Ⅶ)变为Re(Ⅱ)。以柠檬酸掩蔽钨，在酸性介质中，二价铼与丁二酮肟形成稳定的橙红色，在450nm波长处测定其吸光度。

五、实验步骤

（一）样品预处理

把钨铼合金丝放入20%的碳酸钠溶液中，加热除去表面石墨层使表面光亮，用定性滤纸擦净，以水洗净，用乙醇脱水，用硬质研钵研成粉状或用剪刀剪碎备用。

（二）试样溶解

称取上述预处理的试样0.2000g置于250mL烧杯中，加入10mL蒸馏水、10mL过氧化氢，微热溶解后，煮沸3~5min。稍冷后滴加10% NaOH溶液5mL，摇匀，分解过量的过氧化氢。待小气泡消失后，低温加热至微沸，取下烧杯冷却到室温，再移入100mL容量瓶中，用水稀释至刻度，摇匀。

（三）试样测定

吸取上述溶液 10mL 于 100mL 容量瓶中，加入 40％柠檬酸溶液 5mL、10g·L^{-1} 丁二酮肟溶液 6mL，摇匀（每加一种试剂都要摇匀），立即加入 250g·L^{-1} 二氯化锡溶液 8mL，用盐酸溶液（1∶3）稀释至刻度，摇匀。室温（25～35℃）放置 30min 后测量其吸光度。用 1cm 比色皿，以试剂空白作参比，于波长 450nm 处测量其吸光度。

（四）标准曲线的绘制

于 6 个 100mL 容量瓶中分别加入钨标准溶液 5.00mL，铼标准溶液 0.00mL、1.00mL、2.00mL、3.00mL、4.00mL、5.00mL，以水分别稀释至 10mL，再依次加入 40％柠檬酸溶液 5mL、10g·L^{-1} 丁二酮肟溶液 6mL、250g·L^{-1} 二氯化锡溶液 8mL，用 1∶3 盐酸溶液稀释至刻度，摇匀（每加一种试剂都要摇匀）。室温（25～35℃）放置 30min 后测量其吸光度。用 1cm 比色皿，以对应的试剂空白作参比，于波长 450nm 处测量其吸光度，绘制标准工作曲线。

（五）结果计算

从标准工作曲线上查到 10mL 试样稀释至 100mL 后 Re 的浓度 c_{Re}（g·mL^{-1}），算出原试样中 Re 的质量分数。

$$w_{Re} = \frac{10c_{Re} \dfrac{100}{1000}}{0.2} \times 100\%$$

思考题

（1）为什么此方法的测定范围为 Re 在 0.5％～5％之间？

（2）如果试样测定时吸光度超出标准曲线的范围怎么办？如何改进？

实验20 循环伏安法测定电极反应参数

（4学时）

一、预习内容

（1）氧化还原反应。

（2）电极电势。

二、实验目的

（1）了解伏安法的基本原理、特点和应用。

（2）学习电化学工作站的基本操作方法。

（3）掌握循环伏安法测定电极反应参数的基本原理。

（4）熟悉伏安法测量的实验技术。

三、主要仪器和试剂

CHI600E 型电化学工作站、玻碳工作电极、铂丝辅助电极、甘汞或 Ag/AgCl 参比电极、抛光布、Al_2O_3（0.05μm）、超声波清洗仪、移液枪、容量瓶（25mL）

铁氰化钾（0.1mol·L^{-1}）、抗坏血酸（0.05mol·L^{-1}）、硝酸钾（1.0mol·L^{-1}）、H_3PO_4-KH_2PO_4（0.10mol·L^{-1}）、乙醇

四、实验原理

循环伏安法（cyclic voltammetry，CV）是很有用的电化学分析研究方法之一。虽然在定量分析中用得较少，但可用于电极反应的性质、机理和电极过程动力学参数的研究。

伏安分析法是电化学分析法中，以测量电解过程中所得的电流-电位（电压）曲线进行测定的方法。按施加激励信号的方式、波形及种类不同，分为线性扫描伏安法、循环伏安法。线性扫描伏安法（linear sweep voltammetry，LSV）是向工作电极和对电极上施加一个随时间线性变化的直流电压，记录电流-电势曲线的分析方法。

循环伏安法（CV）是将循环变化的电压施加于工作电极和参比电极之间，记录工作电极上得到的电流与施加电压的关系曲线。这种方法也常称为三角波

线性电位扫描法。图 2-11 中表明了所施加电压的变化：正向扫描电位从 0.8V 至 -0.2V，反向扫描电位从 -0.2V 又回扫到 0.8V，扫描速度可从斜率反映出来，其值为 50mV·s^{-1}。从 40s 到 80s 对应的实线表示的是第二次循环。一台现代伏安仪具有多种功能，可方便地进行一次或多次循环，亦可任意变换扫描电压范围和扫描速度。

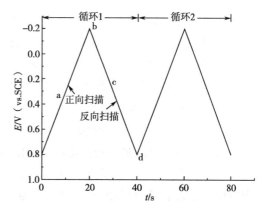

图 2-11　循环伏安法的典型激发信号

［三角波电位，转换电位为 0.8V～-0.2V（vs. SCE）］

当工作电极被施加的扫描电压激发时，其上将产生响应电流。以该电流（纵坐标）对电位（横坐标）作图，得到循环伏安图。典型的循环伏安图如图 2-12 所示。该图是在 1.0mol·L^{-1} KNO$_3$ 电解质溶液中，6×10^{-3} mol·L^{-1} K$_3$Fe(CN)$_6$ 在 Pt 电极（工作电极）上反应所得到的结果。

从图 2-12 可见，起始电位 E_i 为 +0.8V（a 点），电位从正开始是为了避免电极接通后 Fe(CN)$_6^{3-}$ 发生电解。然后向阴极电位扫描，如箭头所指方向，当电位变化至 Fe(CN)$_6^{3-}$ 可还原时（即析出电位），将产生阴极电流（b 点）。其氧化态物质在阴极还原，电极反应为：

$$Fe(Ⅲ)(CN)_6^{3-} + e^- \longrightarrow$$
$$Fe(Ⅱ)(CN)_6^{4-}$$

随着电位变负，阴极电流迅速增加（b→d），直至电极表面的 Fe(CN)$_6^{3-}$ 浓度趋近于零，电流在 d 点达到最大值。然后由于电极表面附近溶液中的 Fe(CN)$_6^{3-}$ 几乎全部电解转变为

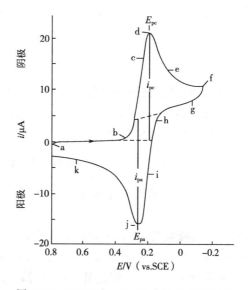

图 2-12　6×10^{-3} mol·L^{-1} K$_3$Fe(CN)$_6$ 在 1.0mol·L^{-1} KNO$_3$ 溶液中的循环伏安图

（扫描速率 50mV·s^{-1}，Pt 电极面积 2.54mm^2）

$Fe(CN)_6^{4-}$，电流迅速衰减（d→e）。在 f 点（电压-0.15V），电压开始正向（阳极）扫描，但这时的电极电位仍为负值，扩散至电极表面的 $Fe(CN)_6^{3-}$ 仍在不断被还原，故仍呈现阴极电流，而不是阳极电流。当电极电位继续正向变化至可以将 $Fe(CN)_6^{4-}$ 氧化的电位时，聚集在电极表面附近的还原产物 $Fe(CN)_6^{4-}$ 开始被氧化，其反应为：

$$Fe(CN)_6^{4-} - e^- \longrightarrow Fe(CN)_6^{3-}$$

这时产生阳极电流（i）。阳极电流随着扫描电位正移迅速增加（i→j），电流在 j 点达到峰值；此后由于电极表面的 $Fe(CN)_6^{4-}$ 转化为 $Fe(CN)_6^{3-}$ 而耗尽，阳极电流迅速衰减至最小（k 点）。当电位扫至+0.8V 时，完成第一次循环，获得了循环伏安图。

循环伏安图中可得到的几个重要参数是阳极峰电流（i_{pa}），阴极峰电流（i_{pc}），阳极峰电位（E_{pa}）和阴极峰电位（E_{pc}）。

测量确定 i_p 的方法是：沿基线作切线外推至峰下，从峰顶作垂线至切线，其间高度即为 i_p（见图 2-12）。E_p 可直接从横轴与峰顶对应处读取。

对于任意可逆电极过程，两峰之间的电位差值为：

$$\Delta E_p = E_{pa} - E_{pc} \approx \frac{57 \sim 63}{n} \ (mV)$$

ΔE_p 确切值与扫描过阴极峰电势之后以多少毫伏再回扫有关。一般在过阴极峰电势之后有足够的毫伏数再回扫，ΔE_p 值为 $58/n$，n 为电子转移数。

在可逆电极反应过程中，

$$\frac{i_{pa}}{i_{pc}} \approx 1 （与扫描速度无关）$$

对可逆体系的正向峰电流，由 Randles-Savcik 方程可表示为：

$$i_p = 2.69 \times 10^5 \, n^{3/2} AD^{1/2} v^{1/2} c$$

式中，i_p 为峰电流，A；n 为电子转移数；A 为电极面积/cm²；D 为扩散系数/(cm²·s⁻¹)；v 为扫描速度/(V·s⁻¹)；c 为浓度/(mol·L⁻¹)。

根据上式，v 与 c 固定其中一个时，i_p 与 $v^{1/2}$ 和 c 都是直线关系，对研究电极反应过程具有重要意义。

同时，可逆电极反应的标准电极电势为：

$$E^\ominus = \frac{E_{pa} + E_{pc}}{2}$$

循环伏安法具有以下作用：

① 了解电极反应的性质。

② 研究电极反应的机理。有助于对有机物、金属有机化合物及生物物质的氧化还原机理的研究。

③ 研究电极反应的可逆性。若反应可逆，则循环伏安曲线上下对称；若反应不可逆，则曲线上下不对称。

④ 据峰电位随扫描速度的变化，可准确计算可逆和不可逆电极反应的速率常数等动力学参数，还可研究反应产物的稳定性、电化学-化学偶联反应及吸附作用等。

五、实验步骤

（一）玻碳工作电极预处理

将玻碳电极（内径 3mm）垂直在含氧化铝粉悬浊液的抛光布上以"8"字的方式打磨成镜面。洗涤后，接着用二次水、乙醇分别超声清洗 5min。

（二）配制电解液

（1）在 5 个 25mL 容量瓶中分别加入 $0.1mol \cdot L^{-1}$ 的铁氰化钾溶液 0mL、0.25mL、0.50mL、1.00mL、2.50mL，再各加入 $1mol \cdot L^{-1}$ 的硝酸钾溶液 5mL。用蒸馏水稀释至刻度，摇匀。

（2）在 5 个 25mL 容量瓶中，分别加入 $0.05mol \cdot L^{-1}$ 的抗坏血酸溶液 0mL、0.25mL、0.50mL、1.00mL、2.50mL，再各加 $0.1mol \cdot L^{-1}$ 的 H_3PO_4-KH_2PO_4 溶液 5.0mL，用蒸馏水稀释至刻度，摇匀。

（三）循环伏安法测量

（1）不同浓度铁氰化钾循环伏安法测量　将配制的一系列不同浓度的铁氰化钾溶液由低到高浓度逐一转移至电解池中，插入干净的三电极系统。采用 CHI600E 电化学工作站进行测量。起始电位 +0.8V，转向电位 -0.2V，以 $50mV \cdot s^{-1}$ 的扫描速度进行循环伏安法测量，记录 E_{pa}、E_{pc}、ΔE_p、i_{pa}、i_{pc}。

（2）不同扫描速度的循环伏安法测量　以 $25mmol \cdot L^{-1}$ $K_3Fe(CN)_6$ 溶液为电解液，逐一变化扫描速度，分别以 $20mV \cdot s^{-1}$、$50mV \cdot s^{-1}$、$100mV \cdot s^{-1}$、$125mV \cdot s^{-1}$、$150mV \cdot s^{-1}$、$175mV \cdot s^{-1}$、$200mV \cdot s^{-1}$ 进行测量，记录 E_{pa}、E_{pc}、ΔE_p、i_{pa}、i_{pc}。在完成每一个扫速的测定后，要轻轻搅动几下电解池的溶液，使电极附近溶液恢复至初始条件。

（3）不同浓度抗坏血酸的循环伏安曲线测量　将配制的一系列不同浓度的抗坏血酸溶液由低到高逐一转移至电解池中，插入干净的三电极系统。采用 CHI600E 电化学工作站进行测量。起始电位 +0.0V，转向电位 1.0V，以 $50mV \cdot s^{-1}$ 的扫描速度进行循环伏安法测量，记录 E_{pa}、i_{pa}。同上，也测定不同扫描速度时的循环伏安图。记录对应的 E_{pa}、i_{pa}。注意每次启动扫描前，都要晃动装置，摇匀溶液。

六、结果处理

（1）列表总结不同浓度铁氰化钾溶液的测量结果（E_{pa}、E_{pc}、ΔE_p、i_{pa}、i_{pc}）。

（2）列表总结不同浓度抗坏血酸的测量结果（i_{pa}、E_{pa}）。

（3）绘制铁氰化钾的 i_{pc} 和 i_{pa} 与相应浓度 c 的关系曲线；绘制 i_{pc} 和 i_{pa} 与相应 $v^{1/2}$ 的关系曲线。

（4）绘制抗坏血酸的 i_{pa} 与相应浓度 c 的关系曲线；绘制 i_{pa} 与 $v^{1/2}$ 的关系曲线。

（5）求算铁氰化钾电极反应的 n 和 $E^{\ominus}$。

（6）绘制抗坏血酸的 E_{pa} 与 v 的关系曲线。

思考题

（1）铁氰化钾溶液与抗坏血酸溶液的循环伏安图有何差别？解释产生差异的原因。

（2）铁氰化钾的 E_{pa} 与其相应的 v 是什么关系？由此可以说明什么？

（3）由铁氰化钾和抗坏血酸各自的循环伏安图解释它们在电极上可能的反应机理。

（4）工作电极为什么要打磨干净？每一组测量开始前都先测空白溶液，为什么？

实验21 石墨炉原子吸收法直接测定海水中铅

（6学时）

一、预习内容

（1）原子吸收光谱仪的构造及使用方法。

（2）原子吸收光谱分析的基本原理。

（3）复杂试样分析一般步骤。

二、实验目的

（1）掌握用石墨炉原子吸收法测定海水样品中的铅的原理和方法。

（2）学习石墨炉原子吸收分光光度计的使用和操作技术。

(3) 掌握仪器灵敏度、精密度、方法检出限的测定方法。

(4) 掌握海水（环境水）样品中铅的测定方法。

三、主要仪器与试剂

Perkin ElmerAA-800 型原子吸收光谱仪、冷却装置、Pb 空心阴极灯

硝酸钯标准溶液（2g·L^{-1}，AR）、硝酸铵（400g·L^{-1}，AR）、磷酸二氢铵（30g·L^{-1}，AR）、硝酸（1.42g·L^{-1}，GR）

铅标准储备液（1000mg·L^{-1}）：称取 1.0773g 氧化铅（PbO，光谱纯）于 50mL 烧杯中，用 10mL 浓硝酸溶解，转移至 1L 容量瓶中，用双蒸水洗涤烧杯，再转入容量瓶中，最后用双蒸水稀释、定容，摇匀，备用。

硝酸（1∶1）：按硝酸∶水＝1∶1（体积比）配制。

硝酸（1∶4）：按硝酸∶水＝1∶4（体积比）配制。

硝酸（1∶99）：按硝酸∶水＝1∶99（体积比）配制。

实验用的所有玻璃器皿均为 A 级，均用硝酸（1∶1）溶液浸泡 12h 以上，用自来水反复冲洗后再用实验用水冲洗干净。实验用水都是超纯水。

四、实验原理

（一）原子吸收光谱仪结构及分析原理

原子吸收光谱仪示意图如图 2-13 所示。在待测试样进入原子化系统后，试样依次进行干燥（100℃，除去试样溶液中的溶剂和水分）、灰化（300～1500℃，除去基体或其它干扰元素）、原子化（温度根据需要选定，使待测元素转变为基态气态原子）、检测（特征光吸收）、净化（下一个试样进入前经高温空烧一段时间，以除去残留）。

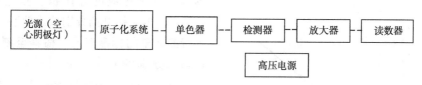

图 2-13 原子吸收光谱仪示意图

原子吸收光谱分析原理是锐线光源——空心阴极灯所发射出的待测元素的特征光（第一共振发射线）通过原子化器时，被其中待测元素的基态气态原子所吸收，经单色器分光后，通过检测器测得其吸收前后发射线特征波长和光强度的变化，来计算出待测元素的含量。

在使用锐线光源和低浓度原子蒸气的条件下，基态原子蒸气对特征谱线的

吸收符合朗伯-比尔定律:

$$A = abc$$

石墨炉原子吸收光谱法是一种无火焰原子化的原子吸收光谱法。它可以通过程序控温控制低电压 (10～20V)、大电流 (300～500A) 通过石墨管产生高热、高温 (最高温度可达 3000K 以上),让管内试样中的待测元素分解成气态的基态原子,利用基态原子对特征谱线的吸收程度与浓度成正比的特点,进行定量分析。石墨炉原子吸收法是一种较灵敏、快速、简便的定量分析方法,检出限可达 10^{-12}～10^{-9} g。

(二) 原子吸收光谱分析法

原子吸收光谱分析中,常用的方法有标准加入法和标准曲线法。

标准曲线法常用于分析共存基体成分较为简单的试样。如果试样中基体成分不能准确知道或十分复杂,就不能使用标准曲线法,而应采用标准加入法。

标准加入法的基本原理为取等体积的试液两份,分别置于相同容积的两只容量瓶中,其中一只加入一定量待测元素的标准溶液,然后分别用水稀释至刻度,摇匀,再测定出它们的吸光度,则:

$$A_x = kc_x$$
$$A_0 = k(c_0 + c_x)$$

式中,c_x 为待测元素的浓度;c_0 为加入标准溶液后溶液浓度的增量;A_0、A_x 分别为两次测定的吸光度。

将两式整理得:

$$c_x = \frac{A_x}{A_0 - A_x} c_0$$

在实际测定中,通过作图法所得的结果更为精确。一般吸取若干份等体积

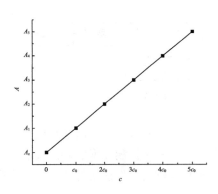

的试液置于相应的等体积容量瓶中,从第二只容量瓶开始分别按比例递增加入待测元素的标准溶液,稀释至刻度,摇匀,分别测定 c_x、$c_x + c_0$、$c_x + 2c_0$、$c_x + 3c_0$、…的吸光度 A_x、A_1、A_2、A_3、…,然后以吸光度 A 对待测元素标准溶液的加入量作图 (图 2-14) 得到一直线,延长直线,与横坐标相交于一点,该点到原点的距离为 c_x。c_x 即为所要测定的试样中该元素的浓度。

图 2-14 标准加入法工作曲线

本实验采用标准加入法作图求出海水中铅的含量。

(三) 抗干扰方法

铅 (Pb) 是已知毒性最大的重金属污染物之一，它可通过呼吸以及饮食摄入人体。铅是一种慢性的积累性毒物和潜在的致癌、致突变物质。铅与钙类似，可以在人体骨骼中积蓄，但铅会损害神经系统、造血器官和肾脏。

海水中铅的含量很低，在大洋表层海水中，铅的质量浓度为 $0.03 \sim 13 g \cdot L^{-1}$，近岸区由于受陆源排放的影响，铅含量增高。由于海水中铅的含量很低，不同形态铅的含量则更低，所以海水中铅及其形态测定需要极灵敏的分析方法。目前，我国用于海水中铅测定的标准方法之一就是采用原子吸收法。但是研究发现，海水基体中的杂质离子对石墨炉原子吸收法测铅产生干扰，尤其是 $NaCl$、$CaCl_2$、$CoCl_2$ 对铅的测定干扰严重。可以通过提高原子化温度，加入释放剂、保护剂、基体改进剂来消除这些干扰。

(四) 仪器的灵敏度测定

能对特征波长产生 1 % 吸收（即吸光度 $A = 0.0044$）信号时所对应的被测元素的质量浓度 ($\mu g \cdot L^{-1}$) 或质量 (μg) 为该仪器对该种元素的灵敏度。

$$S = 0.0044 \frac{c}{A} \ (\mu g \cdot L^{-1})$$

$$S = 0.0044 \frac{m}{A} \ (g)$$

(五) 方法的检出限

用多次测定试剂空白标准偏差的 3 倍作为响应值，该响应值对应的元素的浓度为该元素在该仪器的检出限。

$$D_c = \frac{c}{A} 3\sigma \ (\mu g \cdot mL^{-1}); \ D_m = \frac{m}{A} 3\sigma \ (\mu g \cdot g^{-1})$$

式中，c 和 m 分别为待测液的浓度和质量。A 为多次待测液的吸光度的平均值。σ 为噪声的标准偏差，是对空白溶液或接近空白的标准溶液进行至少十次连续测定，由所得的吸光度值求算其标准偏差而得。

五、实验步骤

(一) 铅标准中间液 (500.0μg · L⁻¹) 的配制

用单标移液管移取 $1000 mg \cdot L^{-1}$ 铅标准储备液 5.00mL，置于 100mL 容量

瓶中，用硝酸（1∶99）溶液稀释、定容。摇匀得到质量浓度为 50.0μg·mL^{-1} 的铅标准中间液。再用单标移液管移取 1mL 50.0μg·mL^{-1} 的铅标准中间液到 100mL 容量瓶中，用硝酸（1∶99）溶液稀释、定容，得到 500.0μg·L^{-1} 的标准中间液。

（二）海水样品的前处理

海水样品经 0.45 微孔滤膜过滤后，加硝酸（1∶1）溶液酸化至 pH<2，储存于聚四氟乙烯瓶中，在 4 ℃下保存。

（三）标准加入法溶液的配制

在 6 个 50mL 容量瓶中加入已处理的海水样品 2.00mL 及 400g·L^{-1} NH$_4$NO$_3$溶液 25mL，再依次加入 500.0μg·L^{-1} 铅标准中间液 0.00mL、1.00mL、2.00mL、3.00mL、4.00mL、5.00mL，用二次去离子水定容，摇匀备用。此时标准加入法系列溶液铅的质量浓度为 0+c_xμg·L^{-1}、10.0+c_xμg·L^{-1}、20.0+c_xμg·L^{-1}、30.0+c_xμg·L^{-1}、40.0+c_xμg·L^{-1}、50.0+c_xμg·L^{-1}。

（四）实验条件

根据仪器操作规程调试仪器，设定实验条件。吸收线波长 283.3nm，光谱通带宽 0.7 nm，灯电流 10mA，进样体积 20μL，自动共进基体改进剂为硝酸钯 2μL、磷酸二氢铵 5μL，保持气体氩气流量 0.25L·min^{-1}（原子化时停气），积分模式为峰面积，横向加热，纵向交流塞曼效应扣背景。

石墨炉升温程序设定为 110 ℃干燥 30s，斜坡升温（以 20℃·s^{-1} 的速率升温）；130℃干燥 30s，斜坡升温（以 10℃·s^{-1} 的速率升温）；950℃灰化 20s，斜坡升温（以 150℃·s^{-1} 的速率升温）；1700℃原子化 5s，快速升温；2500℃净化（清除）3s，快速升温。

（五）吸光度测量

用自动进样器注入样品溶液 20μL 进行测定，记录读数。一般每个样品测量 2~3 次，然后逐次进样，测出用标准加入法配制的各样品的吸光度，记录于表 2-19。

（六）仪器检测铅的灵敏度及方法检出限的测定

（1）按测定试样吸光度的条件，将 500.0μg·L^{-1}标准铅溶液自动进样 20μL 进行测定，记录读数，连续测 11 次标准铅溶液吸光度，如中间测量数据有明显偏离，则需重新测定。实验数据记录在表 2-20 并计算出灵敏度 S 及标

准偏差 σ。

(2) 配制 11 个空白试剂，分别测定各自的吸光度并记录于表 2-21。根据检出限公式，计算各自检出限。

(七) 实验数据记录及处理

(1) 样品吸光度测量

表 2-19 标准加入法试样吸光度

项目	1	2	3	4	5	6
加入的铅标准中间液的体积/mL	0.00	1.00	2.00	3.00	4.00	5.00
加入的铅标准中间液的质量浓度 $c/(\mu g \cdot L^{-1})$	0	10.0	20.0	30.0	40.0	50.0
溶液的吸光度 A_1						
溶液的吸光度 A_2						
溶液的吸光度 A_3						
溶液的平均吸光度 A						

作平均吸光度对加入的铅标准中间液的质量浓度的工作曲线。从而求出稀释后（由 2mL 稀释成 50mL）的海水浓度。

(2) 仪器检测铅的灵敏度

表 2-20 同一标准溶液的 11 次平行测定的标准偏差

项目	1	2	3	4	5	6	7	8	9	10	11
标准铅溶液的吸光度 A											
绝对偏差 d											
标准偏差 σ											

（3）方法检出限的测定

表 2-21　11 次平行测定空白试剂的吸光度及检出限

项目	1	2	3	4	5	6	7	8	9	10	11
试剂空白 吸光度 A											
检出限											
平均检出限											

思考题

（1）影响实验测量误差的原因有哪些？实验过程中有哪些注意事项？

（2）用石墨炉原子吸收法直接测定海水样品时会遇到哪些问题？

（3）海水中的杂质离子多而复杂，浓度较大，基体的杂质离子对测量离子的干扰较大，可以通过哪些方法来减弱基体效应？查阅文献，说明可以添加哪些基体改进剂？

第三部分

综合实验

实验22 由工业铁屑制备硫酸亚铁铵及其产品分析

(8学时)

一、预习内容

(1) NH_4^+、Fe^{3+}、Fe^{2+}、SO_4^{2-} 盐的性质。

(2) 比色分析。

(3) 氧化还原滴定。

二、实验目的

(1) 制备复盐硫酸亚铁铵。

(2) 熟悉无机制备的基本操作。

(3) 学习定性、定量检验产品及产品中的杂质。

三、主要仪器与试剂

循环水真空泵、蒸发皿、红色石蕊试纸、pH 试纸、铁屑、$(NH_4)_2SO_4(s)$、$NH_4Fe(SO_4)_2 \cdot 12H_2O(s)$

Na_2CO_3（10%）、H_2SO_4（3mol·L^{-1}）、奈斯勒试剂、NaOH(s)、HCl（2.0mol·L^{-1}）、$K_3[Fe(CN)_6]$（2.0mol·L^{-1}、0.1mol·L^{-1}）、$BaCl_2$（1.0mol·L^{-1}）、H_3PO_4（浓）、$KMnO_4$（0.1000mol·L^{-1}）、KSCN（25%）

四、实验原理

铁屑溶于稀 H_2SO_4 生成 $FeSO_4$：

$$Fe + H_2SO_4 = FeSO_4 + H_2 \uparrow$$

等物质的量 $FeSO_4$ 与 $(NH_4)_2SO_4$ 生成溶解度较小的复盐硫酸亚铁铵，通常称为摩尔盐，它比一般的亚铁盐稳定，在空气中不易被氧化。

$$6H_2O + FeSO_4 + (NH_4)_2SO_4 == (NH_4)_2SO_4 \cdot FeSO_4 \cdot 6H_2O$$

三种盐在水中的溶解度如表 3-1：

表 3-1 $(NH_4)_2SO_4$、$FeSO_4 \cdot 7H_2O$、$(NH_4)_2SO_4 \cdot FeSO_4 \cdot 6H_2O$ 三种物质在水中溶解度 (g/100g H_2O)

物质种类	温度/℃			
	10	20	30	40
$(NH_4)_2SO_4$	73.0	75.4	78.0	81.0
$FeSO_4 \cdot 7H_2O$	37.0	48.0	60.0	73.3
$(NH_4)_2SO_4 \cdot FeSO_4 \cdot 6H_2O$	17.2	36.5	45.0	53.0

五、实验步骤

（一）硫酸亚铁的制备

称取 2g 工业铁屑，放于锥形瓶内，加 20mL 10% Na_2CO_3 溶液小火加热 10min，以除去铁屑上的油污，用倾析法倒掉碱液，并用水把铁屑洗净，把水倒掉。

往盛着铁屑的锥形瓶中加入 15mL 3mol·L^{-1} H_2SO_4 溶液，放在水浴上加热（在通风橱中进行），等铁屑与 H_2SO_4 溶液充分反应（没有大量气泡产生）后，趁热用减压过滤分离溶液和残渣。滤液转移到 50mL 蒸发皿内。将留在锥形瓶内和滤纸上的残渣（铁屑）洗净，收集在一起用滤纸吸干后称量。由已反应的铁屑质量算出溶液中 $FeSO_4$ 的量。

（二）硫酸亚铁铵的制备

根据溶液中 $FeSO_4$ 的量，按 $FeSO_4$：$(NH_4)_2SO_4 = 1：0.75$ 的比例（质量比），称取 $(NH_4)_2SO_4$ 固体，配制成饱和溶液加到 $FeSO_4$ 溶液中（此时溶液 pH 应接近 1）。然后在水浴上蒸发浓缩至液面出现一层晶膜为止，取下蒸发皿，冷却至室温，即有硫酸亚铁铵晶体析出。用倾析法过滤，晾干，称重，计算产率。

（三）产品检测

(1) 定性鉴定产品中的 NH_4^+、Fe^{2+} 和 SO_4^{2-}

① NH_4^+ NH_4^+ 与奈斯勒（Nessler）试剂（$K_2[HgI_4]$ + KOH）反应生成红棕色的沉淀：

$$NH_4^+ + 2[HgI_4]^{2-} + 4OH^- == HgO \cdot HgNH_2I(s) + 7I^- + 3H_2O$$

可用奈斯勒试剂鉴定 NH_4^+。但由于产品中的 Fe^{3+} 也能与 Nessler 试剂中的 KOH 反应生成深色的氢氧化物沉淀，干扰鉴定。所以鉴定 NH_4^+ 的步骤如下：

a. 取 10 滴产品溶液于试管中，加入 $2.0 mol \cdot L^{-1}$ NaOH 溶液使之呈碱性，微热，并用滴加奈斯勒试剂的滤纸条检验逸出的气体。NH_4^+ 浓度高时有红棕色斑点出现，NH_4^+ 浓度低时仅变棕色或黄色。如有上述现象出现，表示有 NH_4^+ 存在。

b. 取 10 滴试液于试管中，加入 $2.0 mol \cdot L^{-1}$ NaOH 溶液使之呈碱性，微热，并用润湿的红色石蕊试纸（或用 pH 试纸）检验逸出的气体。如红色石蕊试纸显蓝色或 pH 试纸显碱性颜色，表示有 NH_4^+ 存在。

② Fe^{2+} Fe^{2+} 与 $K_3[Fe(CN)_6]$ 溶液在 pH<7 的溶液中反应，生成深蓝色沉淀（滕氏蓝）：

$$Fe^{2+} + K^+ + [Fe(CN)_6]^{3-} == KFe[Fe(CN)_6]$$

$KFe[Fe(CN)_6]$ 能被强碱分解，生成红棕色 $Fe(OH)_3$ 沉淀。

$$KFe[Fe(CN)_6] + 3OH^- == Fe(OH)_3 \downarrow + Fe(CN)_6^{4-} + K^+$$

鉴定步骤：取 1 滴试液于点滴板上，加 1 滴 $2.0 mol \cdot L^{-1}$ HCl 溶液酸化。加 1 滴 $0.1 mol \cdot L^{-1}$ $K_3[Fe(CN)_6]$，如出现蓝色沉淀，表示有 Fe^{2+} 存在。

③ SO_4^{2-} 鉴定步骤：取 5 滴试液于试管中，加 $6.0 mol \cdot L^{-1}$ HCl 溶液至无气泡产生，再多加 1~2 滴。再加入 1~2 滴 $1.0 mol \cdot L^{-1}$ $BaCl_2$ 溶液，若生成白色沉淀，表示有 SO_4^{2-} 存在。

（2）$(NH_4)_2SO_4 \cdot FeSO_4 \cdot 6H_2O$ 质量分数的测定 用分析天平称取 1.0000g 左右产品于 250mL 锥形瓶中，加 50mL 除氧的去离子水、15mL $3mol \cdot L^{-1}$ H_2SO_4 溶液、2mL 浓 H_3PO_4，使试样溶解。从滴定管中放出约 10mL $KMnO_4$ 标准溶液于锥形瓶中，加热至 70~80℃，再继续用 $KMnO_4$ 标准溶液滴定至溶液刚出现微红色（30s 内不褪色）为终点。

根据 $KMnO_4$ 标准溶液的用量，按照下式计算产品中 $(NH_4)_2SO_4 \cdot FeSO_4 \cdot 6H_2O$ 的质量分数。

$$w = \frac{5c(KMnO_4)V(KMnO_4)M \times 10^{-3}}{m}$$

式中 w ——产品中 $(NH_4)_2SO_4 \cdot FeSO_4 \cdot 6H_2O$ 的质量分数；

M —— $(NH_4)_2SO_4 \cdot FeSO_4 \cdot 6H_2O$ 的分子量；

m ——所取产品质量。

（3）杂质 Fe^{3+} 限量分析

① Fe(Ⅲ) 标准溶液的配制 称取 0.8634g $NH_4Fe(SO_4)_2 \cdot 12H_2O$，溶解于 50mL 除氧水中，加 15mL 3mol·L^{-1} H_2SO_4 溶液，移入 1000mL 容量瓶中，用除氧水稀释至刻度。此溶液含 Fe^{3+} 为 0.1000g·L^{-1}，即 0.1000mg·mL^{-1}。

② 标准色阶的配制 取 0.50mL Fe(Ⅲ) 标准溶液于 25mL 比色管中，加入 3mL 2mol·L^{-1} HCl 溶液和 1mL 质量分数为 25% KSCN 溶液，加除氧水稀释至刻度，配制成相当于一级试剂的标准溶液（Fe^{3+} 浓度为 0.05mg·g^{-1}，即质量分数 w 为 0.005%）。

同样分别取 1.00mL 和 2.00mL Fe(Ⅲ) 标准溶液配制成相当于二级和三级试剂的标准溶液（Fe^{3+} 浓度分别为 0.10mg·g^{-1}、0.20mg·g^{-1}，即质量分数分别为 0.01%、0.02%）。

③ 产品级别的确定 称取 1.0g 硫酸亚铁铵晶体产品，加到 25mL 比色管中，用 15mL 除氧水溶解，再加入 3mL 2mol·L^{-1} HCl 溶液和 1mL 25% KSCN 溶液，最后将溶液稀释到 25mL，摇匀。与标准色阶进行目视比色，确定产品等级。

思考题

（1）本实验的反应过程中是铁过量还是 H_2SO_4 过量？为什么要这样操作？

（2）计算硫酸亚铁铵的产率时，以 $FeSO_4$ 的量为准是否正确？为什么？

（3）浓缩硫酸亚铁铵溶液时，能否浓缩至干？为什么？

实验23 由软锰矿制备高锰酸钾及高锰酸钾纯度分析

（6学时）

一、预习内容

（1）锰元素的物理、化学性质。

（2）歧化反应。

（3）简易启普发生器。

二、实验目的

（1）了解碱熔法分解矿石的原理和操作方法。

(2) 掌握锰的各种价态之间的转化关系。

三、主要仪器与试剂

铁棒、铁坩埚、三角架、泥三角、酒精灯、烧杯、滤纸、循环水真空泵、石棉纤维、布氏漏斗、抽滤瓶、启普发生器简易装置、烘箱、酸式滴定管、锥形瓶、水浴锅

软锰矿（s）、KOH（s）、$KClO_3$（s）、MnO_2（粉末）、大理石、盐酸（6.0mol·L^{-1}）

四、实验原理

MnO_2 与碱混合并在空气中共熔，便可制得墨绿色的锰酸钾熔体：

$$2MnO_2 + 4KOH + O_2 = 2K_2MnO_4 + 2H_2O$$

本实验是以 $KClO_3$ 作氧化剂，其反应式为：

$$3MnO_2 + 6KOH + KClO_3 = 3K_2MnO_4 + KCl + 3H_2O$$

锰酸钾溶于水并可在水溶液中发生歧化反应，生成高锰酸钾：

$$3MnO_4^{2-} + 2H_2O = MnO_2 + 2MnO_4^- + 4OH^-$$

从上式可知，为了使歧化反应顺利进行，必须随时中和掉所生成的 OH^-。常用的方法是通入 CO_2：

$$3MnO_4^{2-} + 2CO_2 = MnO_2 + 2MnO_4^- + 2CO_3^{2-}$$

但是这个方法在最理想的条件下，也只能使 K_2MnO_4 的转化率达 66%，尚有三分之一又变回为 MnO_2。

五、实验步骤

(1) 锰酸钾溶液的制备 将 1.5g 固体氯酸钾和 3.5g 固体氢氧化钾放于 $60cm^3$ 铁坩埚中混合均匀，小心加热。待混合物熔融后，一面用铁棒搅拌，一面把 2g 二氧化锰粉慢慢分多次加进去。然后熔融物的黏度逐渐增大，这时应加大力度搅拌，以防结块。待反应物干涸后，提高温度，强热 5min（此时仍要适当翻动）。

待熔融物冷却后，用铁棒捣碎并连同铁坩埚都放入 250mL 烧杯中，加入约 100mL 去离子水小火共煮、浸取并不断搅拌，直到熔融物全部溶解为止。后用坩埚钳取出坩埚，将浸取液进行减压过滤，得锰酸钾溶液。

(2) 锰酸钾转化为高锰酸钾 趁热往上述步骤（1）所得墨绿色溶液中通入二氧化碳，直至全部锰酸钾转化为高锰酸钾和二氧化锰为止（可用玻璃棒蘸一些溶液，滴在滤纸上，如果只显紫色而无绿色痕迹，即可认为歧化完毕）。

然后用玻璃砂芯漏斗，减压抽滤，弃去二氧化锰残渣。溶液转入瓷蒸发皿中，蒸发、浓缩至表面有晶膜析出。自然冷却，抽滤。所得晶体转入表面皿上，放入烘箱（温度以 80℃ 为宜，不能超过 240℃）烘干。

（3）纯度分析　实验室备有基准物质草酸（$H_2C_2O_4$）、硫酸。设计分析方案，确定所制备的高锰酸钾的含量。

思考题

（1）制备锰酸钾时用铁坩埚，为什么不用瓷坩埚？

（2）对高锰酸钾溶液进行抽滤时，为什么用玻璃砂芯漏斗？

（3）由锰酸钾制备高锰酸钾，除了有二氧化碳外，可以用其它弱酸吗？

（4）实验中用过的容器常有棕色垢，是何物质？如何清洗？

实验24　二草酸根合铜(Ⅱ)酸钾的合成及组成分析

（8学时）

一、预习内容

（1）查找二草酸根合铜(Ⅱ)酸钾的组成、结构、性质、合成。

（2）金属指示剂的选择及配位滴定原理。

二、实验目的

（1）了解二草酸根合铜酸钾的合成方法。

（2）掌握确定化合物化学式的基本原理和方法。

（3）巩固无机合成、滴定分析和重量分析的基本操作。

三、主要仪器与试剂

分析天平、恒温水浴箱、烘箱、循环水真空泵、药匙、250mL 烧杯、蒸发皿、容量瓶、锥形瓶、移液管、酸式滴定管、称量纸、毛刷、抽滤装置、滤纸

$CuSO_4 \cdot 5H_2O(s)$、$H_2C_2O_4 \cdot 2H_2O(s)$、无水 $K_2CO_3(s)$、$Na_2C_2O_4(s)$、$NaOH$（2mol·L^{-1}）、$KMnO_4$ 溶液（0.02mol·L^{-1}）、H_2SO_4（3mol·L^{-1}）、EDTA 溶液（0.02mol·L^{-1}）、PAR（0.2%的水溶液）、$NH_3 \cdot H_2O$（浓）、

Zn（基准物）、氨水缓冲溶液（pH＝7、pH＝10）

四、实验原理

二草酸根合铜(Ⅱ)酸钾的制备方法很多，可以由硫酸铜与草酸钾直接混合来制备，也可以由氢氧化铜或氧化铜与草酸氢钾反应制备。本实验由氧化铜与草酸氢钾反应制备二草酸根合铜(Ⅱ)酸钾。

$CuSO_4$ 在碱性条件下生成 $Cu(OH)_2$ 沉淀，加热沉淀则转化为易过滤的 CuO。一定量的 $H_2C_2O_4$ 溶于水后，加入 K_2CO_3 得到 KHC_2O_4 和 $K_2C_2O_4$ 混合溶液，该溶液与 CuO 作用生成 $K_2[Cu(C_2O_4)_2]$，经水浴蒸发、浓缩，冷却后得到蓝色晶体 $K_2[Cu(C_2O_4)_2] \cdot 2H_2O$。涉及的反应有：

$$CuSO_4 + 2NaOH \Longrightarrow Cu(OH)_2 \downarrow + Na_2SO_4$$

$$Cu(OH)_2 \xrightarrow{\triangle} CuO + H_2O$$

$$2H_2C_2O_4 + K_2CO_3 \Longrightarrow 2KHC_2O_4 + CO_2 + 2H_2O$$

$$2KHC_2O_4 + CuO \Longrightarrow K_2[Cu(C_2O_4)_2] + H_2O$$

二草酸根合铜(Ⅱ)酸钾化合物在水中的溶解度很小，但可加入适量的氨水（亦可采用 $2mol \cdot L^{-1}$ NH_4Cl 溶液和 $1mol \cdot L^{-1}$ 氨水等体积混合组成的缓冲溶液），使 Cu^{2+} 形成铜氨离子而溶解。溶解时 pH 约为 10。

称取一定量试样在氨水中溶解、定容。取一份试样用 H_2SO_4 中和，并在硫酸溶液中用 $KMnO_4$ 标准溶液滴定试样中的 $C_2O_4^{2-}$。另取一份试样在盐酸溶液中加入 PAR 指示剂，在 pH 6.5～7.5 的条件下，加热近沸，趁热用 EDTA 滴定至绿色为终点，以测定晶体中的 Cu^{2+}。

通过消耗的 $KMnO_4$、EDTA 的体积及其浓度计算 $C_2O_4^{2-}$、Cu^{2+} 的含量，并确定两者的物质的量之比，从而推出产物的实验式。

滴定 $C_2O_4^{2-}$ 的反应与 $KMnO_4$ 标准溶液的标定反应相同。用 $KMnO_4$ 标准溶液滴定 $Na_2C_2O_4$ 基准物或产物溶液（在 pH＝0～0.3 酸度下），指示剂是 $KMnO_4$ 本身，离子反应为：

$$5C_2O_4^{2-} + 2MnO_4^- + 16H^+ \Longrightarrow 10CO_2 + 2Mn^{2+} + 8H_2O$$

EDTA 滴定产物溶液中 Cu^{2+} 的指示剂为 PAR。PAR 属于吡啶基偶氮化合物，即 4-(2-吡啶基偶氮) 间苯二酚。结构式为：

PAR 指示剂的 H_2In 和 HIn^- 形式显黄色，In^{2-} 形式及其金属离子络合物均为红色，PAR 的 $pK_{a2} = 12.4$，在 pH<12 时，适合当金属指示剂，但测定 Cu^{2+} 时，pH = 5~7 时才会有更明显的滴定终点。指示剂本身显黄色，而 Cu^{2+} 与 EDTA 结合显蓝色，因而达到滴定终点时，溶液由紫红（红色 Cu-PAR 和蓝色 Cu-Y 混合色）变为黄绿色。涉及的反应有：

$$Cu^{2+} + In^{2-} === CuIn$$

$$Cu^{2+} + Y^{2-} === CuY$$

$$CuIn + Y^{2-} === CuY + In^{2-}$$

因而，试样中 $C_2O_4^{2-}$ 的质量分数为：

$$w(C_2O_4^{2-}) = \frac{c(KMnO_4)V(KMnO_4) \times 88.02 \times 250 \times 5}{m_s \times 1000 \times 2 \times 25} \times 100\%$$

试样中 Cu^{2+} 的质量分数：

$$w(Cu^{2+}) = \frac{c(EDTA) \times V(EDTA) \times 63.55 \times 250}{m_s \times 1000 \times 25} \times 100\%$$

因而 Cu^{2+} 和 $C_2O_4^{2-}$ 物质的量之比，即合成产物的组成：

$$物质的量之比 = \frac{w(C_2O_4^{2-})/88.02}{w(Cu^{2+})/63.55}$$

五、实验步骤

(一) 二草酸根合铜(Ⅱ)酸钾的合成

(1) 制备氧化铜　将已称好的 2.0g $CuSO_4 \cdot 5H_2O$ 转入 100mL 烧杯中，加入 40mL 水搅拌溶解，在搅拌下继续加入 10mL 2mol·L^{-1} NaOH 溶液，小火加热至沉淀变黑（生成 CuO），再煮沸约 20min。稍冷却后，用双层滤纸吸滤，并用少量去离子水洗涤沉淀两次。

(2) 制备草酸氢钾　称取 3.0g $H_2C_2O_4 \cdot 2H_2O$ 放入 250mL 烧杯中，加入 40mL 去离子水，微热（温度不能超过 85℃，以避免草酸分解）溶解。稍冷后分数次加入 2.2g 无水 K_2CO_3 固体，溶解后生成 KHC_2O_4 和 $K_2C_2O_4$ 的混合溶液。

(3) 制备二草酸根合铜(Ⅱ)酸钾　将含 KHC_2O_4 的混合溶液水浴加热，再将 CuO 连同滤纸一起加入到该溶液中。水浴加热，充分反应至沉淀大部分溶解（约 30min）。趁热抽滤（若透滤应重新抽滤），用少量沸水洗涤两次，将滤液转入蒸发皿中。水浴加热，将滤液浓缩到约原体积的二分之一。放置约

10min 后用自来水彻底冷却。待大量晶体析出后抽滤，晶体通过滤纸抽干，称重。记录晶体外观和产品的重量。

将产品保存，用于组成分析。

（二）产物的组成分析

（1）试样溶液的制备　称取试样一份（0.95~1.05g，准确至 0.0001g）于 100mL 烧杯中，加入蒸馏水 25mL。然后加入浓氨水 5mL，搅拌使其溶解，转移至 250mL 容量瓶中，用水稀至刻度，摇匀。

（2）产物中草酸根（$C_2O_4^{2-}$）含量的测定

① $KMnO_4$ 溶液浓度的标定　称取 $Na_2C_2O_4$ 固体三份（每份 0.18~0.23g，准确至 0.0001g），分别置于 250mL 锥形瓶中。加入 25mL 蒸馏水使其溶解，再加入 4mL 3mol·L^{-1} H_2SO_4 溶液，在水浴上加热至 75~85℃（水浴近沸时放入锥形瓶加热 3~4min），趁热用 $KMnO_4$ 溶液滴定至淡粉色且半分钟不褪色，即为终点。根据 $Na_2C_2O_4$ 的质量和消耗 $KMnO_4$ 的体积，计算 $KMnO_4$ 的浓度（以 mol·L^{-1} 计）。将结果填入表 3-2 中。

② 草酸根（$C_2O_4^{2-}$）含量的测定　吸取 25mL 步骤（1）中试样溶液于 250mL 锥形瓶中，加入 10mL 3mol·L^{-1} H_2SO_4 溶液，加热至 75~85℃（水浴近沸时放入锥形瓶加热 3~4min），趁热用 0.02mol·L^{-1} $KMnO_4$ 溶液滴定至淡粉色，半分钟不褪色为终点，记下消耗 $KMnO_4$ 溶液的体积。平行滴定三次。计算试样中 $C_2O_4^{2-}$ 的含量（以％计）。将结果填入表 3-3 中。

（3）产物中 Cu^{2+} 含量的测定　吸取 25mL 步骤（1）中试样溶液于 250mL 锥形瓶中，加入 1mL 2mol·L^{-1} HCl 溶液，加入 4 滴 PAR 指示剂，再加入 pH=7 的缓冲溶液 10mL，在电热板上加热至近沸（锥形瓶口有气），趁热用 0.02mol·L^{-1} EDTA 标准溶液滴定至黄绿色，且 30s 不褪色即为终点，记下消耗 EDTA 溶液的体积。平行滴定三次，计算试样中 Cu^{2+} 的含量（以％计）。将结果整理到表 3-3 中。

表 3-2　$KMnO_4$ 溶液浓度的标定

项目	1	2	3
$Na_2C_2O_4$ 的质量/g			
消耗 $KMnO_4$ 体积/mL			
$KMnO_4$ 的浓度/(mol·L^{-1})			
$KMnO_4$ 的平均浓度/(mol·L^{-1})			

表 3-3　试样中 $C_2O_4^{2-}$、Cu^{2+} 含量

项目	1	2	3
消耗 $KMnO_4$ 体积/mL			
$w(C_2O_4^{2-})$			
$\overline{w}(C_2O_4^{2-})$			
消耗 EDTA 的体积/mL			
$w(Cu^{2+})$			
$\overline{w}(Cu^{2+})$			
$n(C_2O_4^{2-}) : n(Cu^{2+})$			

思考题

(1) 实验中为什么不采用氢氧化钾与草酸反应生成草酸氢钾？

(2) 此实验中测定 $C_2O_4^{2-}$、Cu^{2+} 的原理分别是什么？还可用什么方法测定？

实验25　混合碱中碳酸钠和碳酸氢钠含量的测定

(4学时)

一、预习内容

(1) 多元酸碱滴定曲线的影响因素。

(2) 多元酸碱分步滴定的条件。

二、实验目的

(1) 掌握用双指示剂法测定混合碱中 Na_2CO_3、$NaHCO_3$ 或 NaOH 含量的方法。

(2) 熟练掌握酸碱滴定操作及指示剂的选择。

三、主要仪器与试剂

酸式滴定管、250mL 锥形瓶、分析天平、HCl 溶液（0.1mol·L^{-1}）、混

合碱、甲基橙（0.2%）、酚酞（0.2%）。

四、实验原理

根据成分的不同以及被酸中和过程 pH 的变化，选择两种指示剂分别指示终点，再根据各终点所消耗的酸标准溶液的体积，计算各成分的含量，这种方法叫"双指示剂法"。

混合碱中可能的成分可以是 Na_2CO_3、$NaHCO_3$ 或 Na_2CO_3、$NaOH$。各物质与酸反应的反应式和化学计量点为：

$$Na_2CO_3 + HCl == NaHCO_3 + NaCl \qquad pH_{计} = 8.31$$
$$NaHCO_3 + HCl == NaCl + H_2O + CO_2 \qquad pH_{计} = 3.89$$
$$NaOH + HCl == H_2O + NaCl \qquad pH_{计} = 7.0$$

因而我们可以选择酚酞（指示范围 8.0～9.8）和甲基橙（指示范围 3.1～4.4）作指示剂，分别指示终点。实验时先加酚酞指示剂于混合碱的溶液中，以 HCl 标准溶液滴定至无色，记消耗体积为 V_1，此时溶液中 Na_2CO_3 被滴定成 $NaHCO_3$；若成分中含有 $NaOH$，则在这一过程中也被滴定出来；然后再加甲基橙，继续滴定，至溶液由黄色变橙色时溶液中 $NaHCO_3$ 被完全中和，记消耗体积为 V_2。根据两步消耗的盐酸体积 V_1、V_2 可以判断混合碱的成分。$V_1 > V_2$，说明含有 Na_2CO_3、$NaOH$；$V_1 < V_2$，说明混合碱中含有 Na_2CO_3、$NaHCO_3$；$V_1 = V_2$，则只有 Na_2CO_3；$V_1 = 0$，$V_2 \neq 0$，只有 $NaHCO_3$；$V_1 \neq 0$，$V_2 = 0$，则只有 $NaOH$。

此实验混合碱含有 $NaCO_3$、$NaHCO_3$。根据滴定的体积关系，计算两组分的质量分数：

$$w_{Na_2CO_3} = \frac{c_{HCl} V_1 M_{Na_2CO_3} \times 10^{-3}}{m_s} \times 100\%$$

$$w_{NaHCO_3} = \frac{c_{HCl}(V_2 - V_1) M_{NaHCO_3} \times 10^{-3}}{m_s} \times 100\%$$

五、实验内容

（一）盐酸溶液的标定

准确称取 0.15～0.20g 左右无水碳酸钠，分别置于 250mL 锥形瓶中，加入 50mL 蒸馏水和 2 滴甲基橙指示剂后，溶液呈黄色。用 $0.1 mol \cdot L^{-1}$ HCl 溶液滴定至橙色，记下所消耗酸的体积于表 3-4。平行实验 3 次。计算出盐酸准确浓度。

（二）混合碱中 Na_2CO_3、$NaHCO_3$ 的测定

准确称取 $0.15\sim0.20g$ 左右混合碱试样，置于 250mL 锥形瓶中，加入 50mL 蒸馏水和 1 滴酚酞指示剂后，溶液呈红色。用已标定的 HCl 溶液（注意滴定前将酸式滴定管中盐酸刻度调为 0.00）滴定至无色。滴定过程中要逐滴加入并不断摇动，以免溶液局部酸度过大，使 Na_2CO_3 不是被中和成 $NaHCO_3$，而是直接转变为 CO_2。记下所消耗酸的体积 V_1，然后再加 2 滴甲基橙指示剂，继续用已标定的 HCl 溶液滴定（注意滴定前将酸式滴定管中盐酸刻度调零），至溶液由黄色变橙色，记下酸用量 V_2，将 V_1、V_2 记录于对应的表 3-5，再用公式计算出各物质的含量。

六、数据整理

表 3-4　盐酸溶液浓度的标定

项目	1	2	3
基准物无水碳酸钠质量/g			
消耗盐酸溶液体积/mL			
盐酸溶液的浓度/$(mol \cdot L^{-1})$			
盐酸溶液平均浓度/$(mol \cdot L^{-1})$			
标准偏差 s			

表 3-5　混合碱中 Na_2CO_3、$NaHCO_3$ 的测定

项目	1	2	3
混合碱质量/g			
消耗盐酸溶液体积 V_1/mL			
消耗盐酸溶液体积 V_2/mL			
$w(Na_2CO_3)$			
$w(NaHCO_3)$			
$\overline{w}(Na_2CO_3)$			
$\overline{w}(NaHCO_3)$			
标准偏差			

思考题

（1）滴定管和移液管使用前必须要洗涤后润湿，而锥形瓶不能润湿，为什么？

（2）盛装无水碳酸钠的锥形瓶，要不要先烘干？加水溶解是否要准确？加入不同量的水溶解可不可以？

（3）第一步滴定做完后，滴定管中剩下的滴定剂足够供第二步使用，是不是就不用再装液了？直接滴行不行？

实验26　邻二氮菲分光光度法测定微量铁

（6学时）

一、预习内容

（1）邻二氮菲的性质。

（2）配合物形成的影响因素。

二、实验目的

（1）掌握邻二氮菲分光光度法测定铁的原理及方法。

（2）熟悉分光光度计的构造、性能及使用方法。

三、主要仪器与试剂

分光光度计及 1cm 比色皿、50mL 容量瓶、5mL 吸量管、10mL 吸量管

醋酸钠（$1mol \cdot L^{-1}$）、氢氧化钠（$1mol \cdot L^{-1}$）、盐酸（$6mol \cdot L^{-1}$）、盐酸羟胺水溶液（$NH_2OH \cdot HCl$）$100g \cdot L^{-1}$（临时配制）、$NH_4Fe(SO_4)_2 \cdot 12H_2O(s)$

邻二氮菲（$1.5g \cdot L^{-1}$）：0.15g 邻二氮菲溶解在 100mL 1∶1 乙醇溶液中。

四、实验原理

邻二氮菲（又称邻菲罗啉）是测定微量铁的较好试剂，在 pH＝2～9 的条件下，二价铁离子与试剂生成极稳定的橙红色配合物 $[Fe(C_{12}H_8N_2)_3]^{2+}$。配合物的 $\lg\beta_{稳}^{\ominus}＝21.3$，摩尔吸光系数 $\varepsilon_{508}＝11000L \cdot mol^{-1} \cdot cm^{-1}$。

三价铁离子也与邻菲罗啉生成极稳定的蓝色配合物。所以显色前，要去除三价铁。一般在显色前，用盐酸羟胺把三价铁离子还原为二价铁离子。

$$2Fe^{3+} + 2NH_2OH \Longrightarrow 2Fe^{2+} + N_2 + 2H^+ + 2H_2O$$

测定时，控制溶液 pH＝3～5.2 较为适宜，酸度高时，反应进行较慢，酸度太低，则二价铁离子水解，影响显色。

用邻二氮菲测定时，有很多元素干扰测定，须预先进行掩蔽或分离，如钴、镍、铜、铅与试剂形成有色配合物，钨、铂、镉、汞与试剂生成沉淀，还有些金属离子如锡、铅、铋则在邻二氮菲铁配合物形成的 pH 范围内发生水解。因此当这些离子共存时，应注意消除它们的干扰作用。

五、实验步骤

（一）$NH_4Fe(SO_4)_2$ 标准溶液（$10mg \cdot L^{-1}$、$0.48mol \cdot L^{-1}HCl$）的配制

准确称取 0.2159g 分析纯 $NH_4Fe(SO_4)_2 \cdot 12H_2O$，加入少量水及 $6mol \cdot L^{-1}$ HCl 溶液 20mL，使其溶解后，转移至 250mL 容量瓶中，用水稀释至刻度并摇匀，此溶液含铁 $100mg \cdot L^{-1}$。移取该溶液 25.00mL 于 250mL 容量瓶中，加入 $6mol \cdot L^{-1}$ HCl 溶液 18mL，用水稀释至刻度并摇匀，此溶液含铁（Ⅲ）$10mg \cdot L^{-1}$。

（二）吸收曲线的绘制

（1）最大吸收波长的选择　用吸量管准确吸取 $10mg \cdot L^{-1}$ 铁标准溶液 5.00mL，置于 25mL 容量瓶中，加入 $100g \cdot L^{-1}$ 盐酸羟胺溶液 1.00mL，摇匀后（每加一种试剂都要摇匀），加入 $1mol \cdot L^{-1}$ 醋酸钠溶液 5.00mL 和 $1.5g \cdot L^{-1}$ 邻二氮菲溶液 2.00mL，以水稀释至刻度，摇匀，放置 10min。在分光光度计上，用 1cm 比色皿，以试剂空白为参比溶液，在不同的波长（从 430～570nm，以 20nm 为间隔）测定一次吸光度，在最大吸收波长处附近多测定几个点，吸光度读数记录于表 3-6。然后以波长为横坐标，吸光度为纵坐标绘制出吸收曲线。从吸收曲线上确定测定铁的适宜波长，一般选用最大吸收波长。

（2）邻二氮菲与铁的配合物的稳定性　用（1）中所配溶液继续进行测定，

在加入显色剂后，在最大吸收波长 508nm 处，立即测定一次吸光度，再放置 5min、10min、15min、30min、45min、60min、120min 后，各测一次吸光度，记录于表 3-7。以时间（t）为横坐标，吸光度（A）为纵坐标，绘制 A-t 曲线，从曲线上判断配合物的稳定性。

（3）显色剂用量的影响　取 25mL 容量瓶 7 个，用吸量管准确吸取 10mg·L^{-1} 铁标准溶液 5.00mL 于各容量瓶中，加入 100g·L^{-1} 盐酸羟胺溶液 1.00mL 摇匀，再加入 1mol·L^{-1} 醋酸钠溶液 5.00mL，然后分别加入 1.5g·L^{-1} 邻二氮菲溶液 0.00mL、0.20mL、0.30mL、0.50mL、1.00mL、2.00mL 和 4.00mL，以水稀释至刻度，摇匀，放置 10min。在分光光度计上，用适宜波长（508nm）和 1cm 比色皿，以对应的试剂空白为参比测定不同用量显色剂溶液的吸光度，结果记录于表 3-8。然后以邻二氮菲试剂加入的体积为横坐标，吸光度为纵坐标，绘制 A-$V_{显色剂}$ 曲线，由曲线确定显色剂最佳加入量。

（4）溶液酸度对配合物的影响　取 25mL 容量瓶 7 个，用吸量管分别准确吸取 10mg·L^{-1} 铁标准溶液 5.00mL、100g·L^{-1} 盐酸羟胺溶液 1.00mL 于各容量瓶中。然后在各个容量瓶中，依次加入用 5mL 吸量管准确移取的 1.0mol·L^{-1} 氢氧化钠溶液 0.00mL、0.20mL、0.50mL、1.00mL、1.50mL、2.00mL 及 3.00mL，再分别加邻二氮菲溶液 2.00mL。最后用水稀释至刻度，摇匀，使各溶液的 pH 从小于等于 2 开始逐步增加至 13 以上，测定各溶液的 pH 值。先用 pH 为 1～14 的广泛试纸粗略确定其 pH 值，然后进一步用精密 pH 试纸确定其较准确的 pH 值，也可采用 pH 计测量溶液的 pH 值，其误差较小。同时在分光光度计上，在适当的波长（λ = 508nm）、用 1cm 比色皿，以对应的试剂空白为参比测定各溶液的吸光度，记录于表 3-9。最后以 pH 值为横坐标，吸光度为纵坐标，绘制 A-pH 曲线，由曲线确定最适宜的 pH 范围。

（5）最佳测试条件确立　根据上面条件实验的结果，探究并讨论邻二氮菲分光光度法测定铁的测定条件。

（三）铁含量的测定

（1）标准曲线的绘制　取 25mL 容量瓶 6 个，分别准确吸取 10mg·mL^{-1} 铁标准溶液 0.00mL、2.00mL、4.00mL、6.00mL、8.00mL 和 10.0mL 于各容量瓶中，各加 100g·L^{-1} 盐酸羟胺溶液 1mL，摇匀。2min 后再各加 1mol·L^{-1} 醋酸钠溶液 5mL 和 1.5g·L^{-1} 邻二氮菲溶液 2mL，以水稀释至刻度，摇匀。在分光光度计上用 1cm 比色皿，在最大吸收波长（508nm）处以对应的试剂空白参比测定各溶液的吸光度，记录于表 3-10。然后以含铁总量为横坐标，吸光度为纵坐标，绘制标准曲线。

（2）吸取被测试液 5.00mL 取代铁的标准溶液，置于 50mL 容量瓶中，再按标准曲线的制作步骤，加入各种试剂，最后测吸光度，记录于表 3-11。根据被测试溶液的吸光度，在标准曲线上查出被测试液相对应铁的量，然后计算试样中微量铁的含量（$mg \cdot L^{-1}$）。

六、数据记录与处理

（1）记录分光光度计型号和比色皿厚度（cm）

（2）最大吸收波长的选择

表 3-6　不同测试波长试液的吸光度

波长/nm	430	450	470	490	500	505	507	509	510	530	550	570
吸光度 A												

（3）最佳显色时间的选择

表 3-7　不同放置（显色）时间试液的吸光度

显色时间 t/min	0	5	10	15	30	45	60	120
吸光度 A								

（4）最佳显色剂用量的选择

表 3-8　不同显色剂用量试液的吸光度

编号	1	2	3	4	5	6	7
显色剂用量/mL	0.1	0.20	0.30	0.50	1.00	2.00	4.00
吸光度 A							

（5）最佳酸度的选择

表 3-9　不同溶液酸度试液的吸光度

编号	1	2	3	4	5	6	7
V_{NaOH}/mL	0.00	0.20	0.50	1.00	1.50	2.00	3.00
pH							
吸光度 A							

据表 3-6～表 3-9 画出各吸收曲线并找出测试微量铁的最佳条件。

（6）标准曲线的绘制

表 3-10 不同标准浓度试液的吸光度

编号	1	2	3	4	5	6
铁质量浓度/(mg·L⁻¹)	0.00	2.00	4.00	6.00	8.00	10.0
吸光度 A						

（7）试液含铁量的测定

表 3-11 试液的吸光度

编号	1	2	3
吸光度 A			
铁质量浓度/(mg·L⁻¹)			

（8）据表 3-10、表 3-11 计算未知溶液中铁的含量（mg·L⁻¹）。

思考题

（1）绘制标准曲线时能否随意改变各种试剂加入的顺序？为什么？

（2）如果测得的被测试液的吸光度不在标准曲线内怎么办？

（3）根据自己的实验结果数据，计算在最适宜波长下邻二氮菲与铁配合物的摩尔吸光系数，计算时注意单位换算（实验中所配制溶液的浓度单位为 mg·mL⁻¹）。

实验27 $H_4[Si(W_3O_{10})_4] \cdot x H_2O$ 的制备及其红外光谱表征

（4学时）

一、预习内容

（1）钨、钼元素化学性质。

(2) 萃取分离操作。

(3) 杂多化合物的 Keggin 结构。

二、实验目的

(1) 学习 Keggin 型十二钨硅酸的合成方法和原理。

(2) 掌握萃取、分离操作技术。

(3) 了解红外光谱仪的使用。

三、主要仪器与试剂

天平、表面皿、布氏漏斗、吸滤瓶、水泵、滤纸、pH 试纸、烧杯、磁力加热搅拌器、滴液漏斗（100mL）、分液漏斗（250mL）、蒸发皿、水浴锅

$Na_2SiO_3 \cdot 9H_2O(s)$、$Na_2WO_4 \cdot 2H_2O(s)$、浓盐酸、乙醚、H_2O_2（3%）

四、实验原理

Mo、W、V、Nb、Ta 元素在化学性质上的显著特点之一就是在一定条件下易自聚或与其它元素聚合，形成多酸或多酸盐。由同种含氧酸根离子缩合形成的叫同多阴离子，其酸称为同多酸；由不同含氧酸根离子缩合形成的叫杂多阴离子，其酸称杂多酸（POMs）。

杂多酸（POMs）常规的制备方法就是由简单的钨、钼含氧酸根阴离子和含有杂原子（P、Si、Fe、Co）物种的水溶液在酸化的条件下缩合。同多阴离子则直接采用酸化简单的含氧酸盐的方法来制备。多酸化合物对 pH 值非常敏感，所以在酸化过程中要注意 pH 对产物的影响。比如钨（Ⅵ）在碱性溶液中以 WO_4^{2-} 离子的形式存在。随着溶液 pH 的减小，WO_4^{2-} 逐渐聚合成 $[W_7O_{24}]^{6-}$、$[W_{12}O_{42}H_2]^{10-}$ 等不同同多酸根离子。若在酸化过程中引入了磷酸盐、硅酸盐等，则形成杂多酸离子 $[P(W_3O_{10})_4]^{3-}$、$[Si(W_3O_{10})_4]^{4-}$ 等。反应如下：

$$12Na_2WO_4 + Na_2SiO_3 + 26HCl \Longrightarrow$$

$$H_4SiW_{12}O_{40} \cdot xH_2O + 26NaCl + (11-x)H_2O$$

在此过程中，H^+ 与 WO_4^{2-} 离子中的氧结合形成 H_2O，从而使得钨原子之间通过共享配位氧原子形成多核簇状结构的杂多钨硅酸阴离子。该阴离子与抗衡阳离子 H^+ 结合，得到 $H_4SiW_{12}O_{40} \cdot xH_2O$。十二钨杂多阴离子的晶体结构称为 Keggin 结构，具有典型性。它是每 3 个 WO_6 八面体两两共边形成 1 组共顶三聚体，4 组这样的三聚体又各通过其它 6 个顶点两两共顶相连，构成

图 3-1(a) 所示的多面体结构。处于中心的杂原子 X 则分别与 4 组三聚体的 4 个顶点氧原子连接，形成 XO₄ 四面体，其键结构如图 3-1(b) 所示。

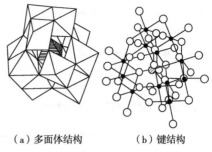

（a）多面体结构　　（b）键结构

○氧原子；⦸磷原子；● 钨原子

图 3-1 Keggin 结构

这类杂多酸（盐）结晶易溶于水及含氧有机溶剂（乙醚、丙酮等），遇强碱时被分解，而在酸性水溶液中较稳定。

本实验利用钨硅酸在强酸性溶液中易与乙醚生成加合物而被乙醚萃取的性质来制备十二钨硅酸。钨硅酸高水合物在空气中易风化也易潮解。对水合物做热重（TG）分析，发现在 30～165℃、165～310℃ 温度范围内有两个失水阶段，曲线上有两个失水吸热峰。另外，差热（DTA）分析发现在 540℃ 附近出现 Keggin 结构被破坏后，出现由无序状态向 XO₄ 及 SiO₂ 有序结构转化的强吸热峰。十二钨硅酸不仅有强酸性，还有氧化还原性，在紫外光作用下，可以发生单电子或多电子还原反应。Keggin 构型的钨杂多酸在紫外区（260 nm 附近）有特征吸收峰，这是电子由配位氧原子向中心钨原子迁移的电荷迁移峰。

五、实验步骤

（一）十二钨硅酸钠溶液的制备

称取 15.0g $Na_2WO_4 \cdot 2H_2O$ 置于 150mL 烧杯中，加入 30mL 去离子水，在磁力加热搅拌器上剧烈搅拌至澄清。在边加热边搅拌的同时，再缓慢加入 1.2g 的 $Na_2SiO_3 \cdot 9H_2O$，待其充分溶解后，将烧杯盖上表面皿，将混合液加热至沸。在微沸、搅拌的情况下，用滴液漏斗以每秒 1～2 滴的速度缓慢地向混合液中加入浓盐酸（约 6mL），直至调节 pH 值为 2，且保持 30min pH 不变。将混合物冷却至室温。

（二）酸化、乙醚萃取十二钨硅酸

在通风橱中，将冷却后的全部溶液都转移到分液漏斗中，加入乙醚（约为混合物溶液体积的 1/2），并逐滴加入浓盐酸 6mL。充分振荡，萃取，静置后分三层。上层是溶有少量杂多酸的醚，中间是氯化钠、盐酸和其它物质的水溶液，下层是油状的十二钨硅酸醚合物。分出下层十二钨硅酸醚合物于蒸发皿中。反复萃取直至下层不再有油状物分出。向蒸发皿中再加入约 3mL 蒸馏水，在 40℃水浴上蒸醚（醚易燃，避免明火），直至溶液表面出现晶膜。若在蒸发过程中液体变蓝［可能是 W（Ⅵ）被还原的结果］，则需加入少许 3％过氧化氢至颜色褪去。晶膜出现后将溶液冷却放置，得到无色透明的十二钨硅酸晶体，抽滤，即可得到白色十二钨硅酸固体粉末。

（三）热重分析和差热分析

取少量未经风化的产品，在热分析仪上，测定室温至 650℃范围内的 TG 曲线及 DTA 曲线。分析计算样品的含水量，以确定水合物中结晶水数目 x。

（四）测定红外光谱

将样品用 KBr 压片，在红外光谱仪上记录 400～4000 cm^{-1} 范围的红外光谱图，并标识其主要的特征吸收峰。

Keggin 结构的杂多阴离子中，氧有以下四种：

① Oa XO_4，即四面体氧 X—Oa，共 4 个。

② Ob M—Ob，即桥氧 Ob，属不同三金属簇角顶共用氧，共 12 个。

③ Oc M—Oc，即桥氧 Oc，属同一三金属簇共用氧，共 12 个。

④ Od M＝Od，即端氧 O，每个八面体的非共用氧，共 12 个。

十二钨硅酸的特征峰出现在 IR 的指纹区 700～1100 cm^{-1}，一般认为各键的反对称振动伸缩频率为：Si—Oa：1018.26 cm^{-1}；

$$W＝Od：979.62 \text{ cm}^{-1}；$$

$$W—Oa：924.36 \text{ cm}^{-1}；$$

$$W—Ob—W：880.15 \text{ cm}^{-1}；$$

$$W—Oc—W：780.78 \text{ cm}^{-1}。$$

思考题

（1）为什么 V、Mo、W、Nb 等元素易形成同多酸和杂多酸？

（2）十二钨硅酸易被还原，它与橡胶、纸张、塑料等有机物质接触，甚至与空气中的灰尘接触时，均易被还原为"杂多蓝"。因此制备过程中要注意哪些问题？

（3）计算产物的产率。分析影响产率的因素有哪些。

实验 28 表面处理技术

（12 学时）

一、预习内容

(1) 电解池与原电池。
(2) 电镀的原理和方法。
(3) 钢铁发蓝、铝阳极氧化。

二、实验目的

(1) 了解氧化还原反应的基本原理及其实际应用。
(2) 了解非金属电镀前处理——化学镀的原理和方法。
(3) 了解电镀的原理及操作方法。
(4) 了解钢铁发蓝、铝阳极氧化的原理及处理方法。

三、主要仪器与试剂

直流稳压电源（600～800W）、变阻器、直流电流计（0～2A）、温度计（0～100℃）、酒精灯、直尺、导线、鳄鱼夹、零号砂纸、镊子、纯紫铜片、ABS 塑料片、聚苯乙烯、聚丙烯、铝片、铅片、无水乙醇（CP）、苯（CP）

化学除油液：称取 80g NaOH 固体、30g Na_3PO_4 固体、15g Na_2CO_3 固体、5mL 洗涤剂于 1000mL 烧杯中，加水溶解稀释至 1000mL。

化学粗洗剂：称 20g CrO_3 于 1000mL 烧杯中，加入 400mL H_2O 溶解，再在搅拌的情况下缓慢倒入 600mL 浓 H_2SO_4，形成混合溶液。

敏化剂：将 $SnCl_2 \cdot 2H_2O$ 10g 溶于 40mL 浓 HCl，加入锡粒数颗，稀释成 1L 溶液；

活化剂：称取 2～2.5g $AgNO_3$ 于 1000mL 烧杯中，用氨水滴至褐色转透明后停止添加氨水（氨水过量太多会使活化速度太慢），最后用蒸馏水稀释至 1L。

浸甲醛液：HCHO（37%）：纯水 = 1:9（体积比）溶液。

化学镀铜溶液：分别称取 28g $CuSO_4 \cdot 5H_2O$、112g $NaKC_4H_4O_6$、7g 乙二铵四乙酸二钠、45g NaOH、10g Na_2CO_3、2g $NiCl_2 \cdot 6H_2O$ 依次溶于水中，再加入 37% HCHO 溶液 65mL、2-巯基苯并噻唑 0.5g，摇匀，最后稀释成 1L 溶液。注意最后两种物质要在使用时再按比例加入。

电镀液（镀锌）：于 1000mL 烧杯中加入 360g $ZnSO_4$、30g NH_4Cl、120g $C_6H_{12}O_6$、15g NaAc，注意均要上一种盐溶解后再加入下一种盐，最后稀释至 1000mL。

金属表面处理用药：NaOH（$2mol \cdot L^{-1}$）、HNO_3（10%）、H_2SO_4（15%）。

发蓝液：配成含 NaOH（36%）、$NaNO_2$（14%）、H_2O（50%）的溶液。

有机着色液：茜素黄（$0.3g \cdot L^{-1}$）。

蓝色无机着色液：10% $K_4[Fe(CN)_6]$、10% $FeCl_3$。

氧化膜质量检验液：3g $K_2Cr_2O_7$、25mL 浓盐酸、75mL H_2O 的混合液（临时配）。

四、实验原理

（一）非金属材料的化学镀与电镀

非金属电镀与金属电镀相仿，是利用电解原理将一种金属覆盖在非金属表面上的一种电镀工艺。即把非金属镀件作为阴极，镀层金属作为阳极，置于适当的电解溶液中进行电镀。不同的是，非金属材料（如陶瓷、玻璃、塑料等）是非导体，需先将非金属材料的镀件进行化学镀，使之具有导电能力后再进行电镀。

（1）化学镀的原理和方法　化学镀的基本原理是使用合适的还原剂，使溶液中的金属离子还原成金属而紧密附着在非金属镀件表面。本实验为化学镀铜。为使金属的沉积过程只发生在非金属镀件上而不发生在溶液中，首先要将非金属镀件表面进行除油、粗化、敏化、活化等预处理。除油处理主要通过有机溶剂除油、化学除油（如热碱液、酸、乳化剂等）、电化学除油、机械除油等方法除去非金属镀件表面上的油污，使表面清洁。粗化处理（常用酸性强氧化剂）可使非金属镀件表面呈微观的粗糙状态，增加表面积及表面的亲水性。敏化处理（常用酸性氯化亚锡溶液）可使粗化的非金属镀件表面吸附一层具有较强还原性的金属离子（如 Sn^{2+}），以利于"活化液"中的金属离子（如 Ag^+）在镀件表面还原。活化处理是使镀件表面沉积一层具有催化活性的金属微粒，形成催化中心，促使金属离子 M^{n+} 在这催化中心上发生还原反应，常用的活化剂有氯化金、氯化钯和硝酸银等。因前两者价格较贵，所以一般选用硝酸银制作活化剂。当经过氯化亚锡敏化处理的镀件浸入银-氨溶液（$0.010mol \cdot L^{-1}$）后，将在镀件表面发生以下反应：

$$Sn^{2+} + 2Ag^+ \Longrightarrow Sn^{4+} + 2Ag$$

产生的银微粒成为还原 M^{n+} 的催化中心和金属 M 的结晶中心。化学镀铜的反应方程式为：

$$[Cu(C_4H_4O_6)]_3^{4-} + 3OH^- + HCHO \rightleftharpoons$$

$$3Cu + 3C_4H_4O_6^{2-} + HCOO^- + 2H_2O$$

（2）非金属镀铜（锌）及其影响因素　非金属镀件经化学镀后，即可进行电镀。根据不同的要求，可镀锌、铜及镍[1]等。若为镀锌，电镀液以锌盐（硫酸锌）为主，加配合剂（氯化铵）、添加剂（葡萄糖）等。影响电镀产品质量的因素是多方面的，除电镀液的浓度、电流密度及温度等因素外，还有非金属材料的性质、造型设计及模具设计等工艺条件。本实验其它电镀条件见详细实验内容。

（二）金属表面处理

（1）钢铁发蓝　钢铁表面进行发蓝处理可防止在空气中钢铁的腐蚀。发蓝处理的原理是将钢铁在含有强氧化剂（如 $NaNO_2$）的热浓强碱溶液中进行氧化处理，生成一层致密而牢固的氧化膜（由蓝色到黑色，主要成分为 Fe_3O_4），从而起到保护钢铁的作用。生成氧化膜的反应可用下列反应式表示：

$$3Fe + NaNO_2 + 5NaOH = 3Na_2FeO_2 + NH_3 + H_2O$$

$$6Na_2FeO_2 + NaNO_2 + 5H_2O = 3Na_2Fe_2O_4 + NH_3 + 7NaOH$$

$$Na_2FeO_2 + Na_2Fe_2O_4 + 2H_2O = Fe_3O_4 + 4NaOH$$

（2）铝的阳极氧化　以铅作阴极，以铝件作阳极，在 H_2SO_4 溶液中进行电解，使阳极铝件表面被氧化生成一层有一定厚度且致密的氧化膜，此氧化膜具有耐磨损、抗腐蚀和绝缘性能。

阴极反应　$2H^+ + 2e^- = H_2$

阳极反应[2]　$2OH^- - 2e^- = [O] + H_2O$

$$3[O] + 2Al = Al_2O_3$$

必须使电解氧化生成氧化膜的速度大于 Al_2O_3 在硫酸中溶解的速度，才可得到一定厚度的氧化膜。

阳极氧化法生成的 Al_2O_3 膜有较高的吸附性，当腐蚀介质进入膜孔隙时，易引起腐蚀。要对膜进行封闭处理（可用沸水或蒸汽）：

$$Al_2O_3 + H_2O = Al_2O_3 \cdot H_2O（或生成 Al_2O_3 \cdot 3H_2O）$$

---

[1]　光亮镀镍液的配制：取 2g 十二烷基磺酸钠、280g $NiSO_4 \cdot 7H_2O$、20g $NiCl_2 \cdot 6H_2O$、30g $Na_2SO_4 \cdot 10H_2O$、1g $C_7H_8O_3$（糖精）、35g H_3BO_3、0.8g $C_4H_4O_2$（1，4-丁炔二醇）依次溶于水，最后稀释至1000mL（pH = 3.5～5）。工艺条件：化学镀铜后的塑料制品等作阴极，镍片作阳极，阴极电流密度为 6～10mA·cm^{-2}，在镀镍液中进行电镀，30min 后取出镀件，用水洗净。

[2]　也有文献认为阳极反应为 $Al - 3e^- = Al^{3+}$，然后铝离子水解生成致密的 $Al(OH)_3$ 薄膜，电解液对薄膜的溶解，电流通过薄膜时放热等，使 $Al(OH)_3$ 脱水，形成 Al_2O_3 薄膜。

五、实验内容

(一) 非金属材料电镀

电镀工艺流程主要包括消除应力、化学除油、粗化、敏化、活化、还原、冷水洗、化学镀、电镀等。

(1) 化学镀预处理

① 检查、消除应力　用冰醋酸浸渍法检验：将待镀件完全浸入（24±3）℃的冰醋酸溶液中 30s，取出后立即清洗，晾干后检查制品表面，若有细小致密的裂纹，说明此处有应力存在。裂纹越多，应力越大。重复上述操作，在冰醋酸中浸 2min，再检查零件，若有深入颜料的裂纹，说明此处有很高的内应力，裂纹越严重，内应力越大。

热处理或丙酮浸渍消除：ABS、聚苯乙烯待镀件可通过在 60～75℃的温度下加热 2～4h，以消除应力。聚丙烯待镀件热处理温度为 80～100℃。

待镀件也可在丙酮（1∶3）溶液中浸泡 30min 除去应力。

② 化学除油（脱酯）　待镀件全部浸入上述已配好的近沸的化学除油液中加热 10min，整个过程用玻棒不断搅动，注意不让镀件碰到灼热的杯底，也不能碰坏或划伤待镀件。除油后依次用热水、冷水彻底清洗。除油后不能用手拿、捏。

③ 粗化　将已配好的粗化液加热至 50～60℃，将待镀件全部浸入粗化液中浸泡 5～10min，不断搅动，至表面微暗、平滑为止。注意待镀件不能有光泽，有光泽说明粗化不足；也不能表面发暗，甚至表面有白绒状、裂纹或结构疏松，这是粗化过度。

然后在 10％的氨水中进行中和处理，再依次用自来水、蒸馏水洗干净。

④ 敏化　将粗化好的待镀件在室温下浸入 10％的 $SnCl_2$ 敏化液中 3～5min，不断搅动。取出后在蒸馏水中漂洗 2s（注意不能用强水流冲击）。漂洗后要迅速活化，以防被空气氧化。

⑤ 活化　在室温下，快速将洗净的已敏化好的待镀件浸入硝酸银活化液中浸泡活化 3～5min 左右，至表面呈均匀的棕色，取出待镀件用蒸馏水漂洗。

⑥ 还原　室温下在甲醛溶液中浸泡半小时，然后用蒸馏水漂洗。

(2) 化学镀铜

配制化学镀铜液，并用 pH 试纸测定其 pH。如 pH<12，则用 NaOH 溶液调节 pH=12～13。把镀件浸入镀液（30～40℃）中，不断翻动并时刻保持镀件在液面以下。当镀件表面形成光亮的红色铜膜时，取出镀件用蒸馏水漂洗数次，晾干，或在乙醇中漂洗后晾干。

（3）电镀（镀锌）

经过化学镀铜的非金属镀件作阴极，锌片作阳极，用铜线接好电镀装置线路。经教师检查后，接通电源。注意应先连接好线路再将镀件浸入电镀液，以免导电金属镀膜被损伤。调节滑线电阻控制电镀条件：阴极电流密度 $10\sim20mA \cdot cm^{-2}$，电压 3～4V，温度 20～25℃，pH＝3～5，时间 20～30min。

（二）金属表面处理

（1）钢铁发蓝　取铁钉两枚，用砂纸擦去表面锈迹，放入装有 70℃左右的 $2mol \cdot L^{-1}$ NaOH 溶液的试管中 5min，以除去油迹，再用水冲洗干净。将上述铁钉之一放入蒸发皿里已加热至沸腾的发蓝液中并加盖表面皿，继续加热 3min。取出，水洗，与未发蓝处理的铁钉比较。

（2）阳极氧化

① 准备工作　取铝片并测算出其在电解时浸入电解液中的表面积，然后按下列步骤进行表面处理。

a. 有机溶剂除油：用镊子夹棉花球蘸苯擦洗铝片，再用酒精擦洗，最后用自来水冲洗，除油后的铝片不能再用手去拿。

b. 碱洗：将铝片放在 60～70℃ $2mol \cdot L^{-1}$ NaOH 溶液中浸 1min，取出后用自来水冲洗。

c. 酸洗：将铝片放在 10％硝酸溶液中浸 1min，以中和铝片表面上的碱液，取出后用水冲洗，然后放在水中待用。

② 阳极氧化　以铅作阴极，铝片作阳极，连接电解装置如图 3-2。调节电源电压为 15V 左右。电解液为 15％ H_2SO_4 溶液，接通直流电源并调节滑线电阻，使电流密度保持在 15～20mA·cm^{-2} 范围内，通

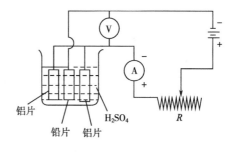

图 3-2　铝的阳极氧化处理

电 40min（电解液温度不得超过 25℃）进行氧化。然后切断电源，取出铝片用自来水冲洗后放在冷水中保护。注意氧化好的铝片要在 30min 以内进行后续的着色处理。

③ 氧化膜质量检验　将铝片干燥后，分别在没有氧化和已被氧化之处各滴 1 滴氧化膜质量检测液，检验液由橙色变绿色，绿色出现的时间越迟，氧化膜的质量越好。

④ 着色和封闭处理　经氧化处理好的铝片可用无机着色液或有机染料着

色，然后进行封闭处理。欲用无机物着色（如着蓝色）时，应将铝片放在 10% $K_4[Fe(CN)_6]$ 溶液中浸泡，后放在 10% $FeCl_3$ 溶液中浸泡，溶液温度保持在 20～25℃；每次浸 5～10min，每次浸泡后，用水漂洗干净。将着色的铝片用水洗净后，放在蒸汽中（或放在已煮沸的蒸馏水中）进行封闭处理，约 20～30min 即可得到更加致密的氧化膜。

思考题

（1）试以化学镀铜为例说明化学镀的基本原理。

（2）分析保证镀层致密、牢固且光亮的因素有哪些。为此，要控制的具体条件是什么？

（3）写出实验各步骤的目的、原理或反应方程式。

第四部分

创新设计实验

实验29 溶胶-凝胶法制备多孔羟基磷灰石

一、实验背景

羟基磷灰石（HAP）是一种很好的生物陶瓷材料，是人体骨骼无机盐的主要成分。羟基磷灰石陶瓷含有许多孔隙，便于骨胶纤维向里生长。在体液作用下，羟基磷灰石微弱溶解，在骨组织端面上形成骨小梁。另外，其对人体无毒、无不良刺激；与人体有机组织有亲和性；耐腐蚀、耐磨、有硬度，还方便消毒。因而其取代其它金属、塑料材料而广泛用于人体硬组织修复和重建，比如髋关节、膝关节、人造牙根、心脏瓣膜、中耳听骨和牙槽脊的增高及加固、颌面的重建等。

研究表明，当多孔陶瓷材料的内孔直径在 $15\sim40\,\mu m$ 时，纤维组织可以长入陶瓷的内部；孔径为 $40\sim100\,\mu m$ 时，允许非矿物的骨样长入；孔径在 $150\,\mu m$ 时，已能为骨组织提供理想的场所。有其它研究也表明，功能完美的 HAP 材料孔径最小（$100\,\mu m$），孔径大于 $200\,\mu m$ 能为纤维细胞和骨细胞向羟基磷灰石中生长提供通道和生长空间[1,2]。

羟基磷灰石还可用作催化剂、化妆品、涂料、吸附剂和荧光材料等，故羟基磷灰石的制备和性能研究发展十分迅速。

二、实验要求

（1）以液态 H_3PO_4、$CaO(s)$ 或 $Ca(NO_3)_2 \cdot 4H_2O(s)$、浓氨水、蒸馏水为原料，用溶胶-凝胶法通过控制以下工艺流程制备针状羟基磷灰石。探索 Ca 源、原料浓度、滴速、Ca/P 比，pH、陈化时间、干燥时间、煅烧时间对羟基磷灰石形状、孔径、粒径的影响。反应方程式及实验流程如下：

$$10Ca(OH)_2 + 6H_3PO_4 \Longrightarrow Ca_{10}(PO_4)_6(OH)_2 + 18H_2O$$

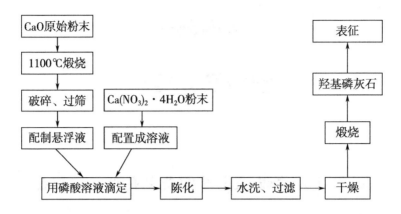

（2）找出制备 20g（理论量）针状羟基磷灰石的最佳实验方案，进行实验。

（3）用扫描电镜表征羟基磷灰石的形貌。

三、参考文献

［1］李建利. 羟基磷灰石的制备和性能研究［D］. 武汉：华中科技大学，2006.

［2］张琳，田杰谟. 多孔 HA 人工骨的研究［J］. 透析与人工器官，2002，13（2）：5-10.

实验30 过碳酸钠的合成及其活性氧的测定

一、实验背景

过碳酸钠又名过氧碳酸钠，为碳酸钠和过氧化氢的加成产物，具有正交晶系层状结构，其分子式为 $2Na_2CO_3 \cdot 3H_2O_2$，分子量为 314.58，为白色、松散、流动性较好的颗粒状或粉末状固体。过碳酸钠易溶于水，浓度随温度的升高而增大，10℃时 100g 水中溶解 12.3g，30℃时 100g 水中溶解 126.2g，浓度为 1%（质量分数）的过碳酸钠在 20℃时 pH 为 10.5。过碳酸钠是热敏性物质，干燥的过碳酸钠在 120℃时分解，但在遇水、遇热，尤其重金属、有机物存在时极易分解为碳酸钠、水和氧气。过碳酸钠易在水中离解成碳酸、过氧化氢，而过氧化氢在碱性溶液中可分解成水和有漂白作用的活性氧，因而具有极强的漂白性。

过碳酸钠已代替过硼酸钠广泛用于合成洗涤剂的漂白助剂，具有活性氧含量高，低温溶解性好，更适合于冷水洗涤，不损害织物和纤维，对有芳香味的有机添加剂及增白剂无破坏作用并能保持香味等优点，特别适合用作低磷或无磷含硅铝酸盐洗涤剂的组分。过碳酸钠还广泛用于纺织、造纸、医疗和食品等行业作为有效的漂白剂、消毒剂、杀菌剂、除味剂等。此外，过碳酸钠是一种新型的化学释氧剂，与其它传统化学释氧剂相比，具有活性氧含量较高，性能较稳定，贮存使用安全等特点。通过配合适当催化剂可以适宜速率平稳产生纯净氧气，作为医疗保健用氧的固体氧源，已被用于各种化学产氧器。

原理上，过碳酸钠可根据以下反应式合成：

$$2Na_2CO_3 + 3H_2O_2 \longrightarrow 2Na_2CO_3 \cdot 3H_2O_2$$

由于过碳酸钠易分解，因而要在低温下合成。

过碳酸钠的合成方法有很多，分为湿法、干法两大类。不同的方法可得到不同形态和规格的过碳酸钠产品。实验室一般采用溶剂法合成，主要经过下列步骤：

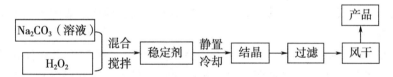

过碳酸钠中的活性氧的检测方法也很多，有酶法、高锰酸钾氧化还原滴定法，也有碘量法、荧光法、气相色谱法等分析方法，还可直接测量生成的氧含量。

二、实验要求

（1）通过查询资料，设计合成 16g 过碳酸钠的理论合成方案。

（2）设计测定过碳酸钠中活性氧的方法。

（3）自动组合成实验小组，分工合作探索实验条件，找到合成过碳酸钠的最佳合成方案。

（4）设计测定自制过碳酸钠中活性氧的方法。

三、参考文献检索渠道

（1）https：//www.cnki.net/

（2）https：//www.sciencedirect.com/

(3) https：//pubs.rsc.org/

实验31　Co-MOFs 修饰电极的制备及电解水性能研究

一、实验背景

氢气不仅是理想的二次清洁能源，更是一种重要的工业化工生产原料，用于合成氨、甲醇、盐酸以及石油炼制，其还被发现具有新型医疗作用——氢气对以脑血管疾病为代表和以阿尔茨海默病为代表的中枢神经系统功能紊乱都具有明显的保护作用。

氢气的工业制备方法主要有两种，一是水煤气制备方法，二是电解水制氢。水煤气制备方法是将水蒸气通过炽热的煤层制得较洁净的水煤气：

$$C + H_2O \longrightarrow CO + H_2$$

这个反应是一个放热反应，升高温度有利于反应速率的加快，但是平衡向逆反应（吸热反应）方向移动，不利于产率的提高，因而水煤气方法制备氢气受到限制。

电解水制氢优点之一是制备的氢气纯度高且电解过程中无任何污染物排放；二是我国水电、风电能源丰富，价格便宜，可为电解水提供动力，因而电解水制氢是理想的制氢方法。电解水制氢过程主要涉及阴极（$2H^+ + 2e^- \Longrightarrow H_2$）和阳极（$4OH^- + 4e^- \Longrightarrow 2H_2O + O_2$）这两电极反应。其中阳极反应比阴极反应涉及电子转移多，导致动力学缓慢、析氧效率低，进而也导致阴极析氢效率低；另外，过电位、电解池溶液、电极电阻等因素也会导致电解水实际分解电压升高（理论分解电压1.23V），使得能耗升高。因而一些提高析氧反应（OER）效率的催化材料受到关注，科学家们通过控制制备条件、掺杂功能材料等手段调控材料的结构、性能，降低过电势，提高电解水的催化活性。

二、实验要求

(1) 根据文献，用 $Co(NO_3)_2 \cdot 6H_2O$、对苯二甲酸（PTA，99%）、N,N-二甲基甲酰胺（DMF）、高纯去离子水（电阻率 18 MΩ·cm）、C_2H_5OH 为原料，以聚乙烯吡咯烷酮（PVP）为表面活性剂，设计水热合成 Co-MOF 材料的实验方案。

（2）用上述合成的 Co MOFs 材料及 Nafion 溶液修饰工作电极并通过循环伏安法（CV）对电极进行活化。

（3）通过线性扫描伏安法得到催化剂的极化曲线，确定材料修饰前后电极的起始电位和 $10mA \cdot cm^{-2}$ 时的过电势及对应的塔菲尔斜率。

（4）通过阻抗测试得到催化剂的电荷转移电阻。

（5）在没有法拉第电流区域使用不同的扫描速率获得 CV 曲线，得到不同催化剂的双电层电容，进而确定材料的电化学活性面积。

（6）通过计时电流（$i-t$）法在碱性电解液中对催化剂的稳定性进行评价。

（7）运用 Origin 软件进行数据处理。

三、参考文献

［1］Shen J，Liao P，Zhou D，et al. Modular and stepwise synthesis of a hybrid metal-organic framework for efficient electrocatalytic oxygen evolution ［J］. J Am Chem Soc. 2017，139（5）1778-1781.

［2］Wu Y，Zhou W，Zhao J，et al. Surfactant-assisted phase-selective synthesis of new cobalt MOFs and their efficient electrocatalytic hydrogen evolution reaction ［J］. Angew Chem 2017，129：1-6.

［3］Wang P T，Zhang X，Zhang J，et al. Precise tuning in platinum-nickel/nickel sulfide interface nanowires for synergistic hydrogen evolution catalysis ［J］. Nat Commun. 2017，8：14580-14588.

［4］Xu Y X，Li B，Zheng S S，et al. Ultrathin two-dimensional cobalt-organicframework nanosheets for high-performance electrocatalytic oxygen evolution ［J］. Journal of Materials Chemistry A，2018（44）：22070-22076.

实验32 异烟酸-吡唑啉酮法测定水中氰化物的研究

一、实验背景

氰化物有剧毒，在水中有异臭。氰化物之所以是剧毒物质，与其阻断细胞呼吸作用有关。研究表明，氰化物可抑制线粒体呼吸电子传递链中细胞色素 c 氧化酶（也称为细胞色素 a3）的活性。氰离子能迅速与氧化型细胞色素氧化酶中的三价铁结合，阻止其还原成二价铁，使传递电子的氧化过程中断。这会导致动物组织细胞不能利用血液中的氧而造成内窒息，特别是中枢神经系统和心脏对缺氧最敏感，故大脑和心脏首先受损，导致呼吸衰竭而威胁到细胞内正常代谢及生命活动。但这不会导致植物死亡，因为植物线粒体电子传递链中还存在一条由交替氧化酶（AOX）介导的呼吸支路，AOX 对氰化物不敏感，而且已被证实可从泛醌得到电子并传递给 O_2，减轻氰化物对呼吸链的抑制作用并维持一定量的 ATP 合成。

氰化物广泛存在于植物中，比如木薯、水果的核中。氰化物通常与糖分子结合，并以生氰糖苷（cyanogenic glycoside）形式存在，食用前必须用温水浸泡以去毒。

人类的活动也导致氰化物的形成。汽车尾气和香烟的烟雾中都含有氰化氢，燃烧某些塑料和羊毛也会产生氰化氢。矿物开采如湿法冶炼金、银中也会带来氰化物污染。

氰化物的监测有多种方法，可采用异烟酸-吡唑啉酮法。

在 pH＝7 磷酸盐介质中，氰化物首先与氯胺 T 反应生成氯化氰，氯化氰能使异烟酸开环，生成 3-羧基戊烯二醛。3-羧基戊烯二醛在与吡唑啉酮缩合时，反应分步进行，经中间产物再转化成聚甲炔染料，基本反应为：

中间产物，紫红色

最终产物，蓝色

根据上述反应，结合产物的特点，可以采用不同的仪器分析手段测定氰化物。

方法Ⅰ 利用中间产物采用动态光度法快速测定氰化物

中间产物呈紫红色，中间产物的产生使溶液由无色转为紫红色，再转为最终产物的蓝色，中间产物特征波长为548nm，吸光度随时间呈平顶峰型，可以按时间扫描获取 A-t 曲线，用读光谱功能读取 A_{max}，氰化物浓度与 A_{max} 呈良好线性关系。方法的检测范围为 $0.02 \sim 1.0 mg \cdot L^{-1}$，适用于工业废水中氰化物的测定。

方法Ⅱ 利用最终产物常规光度法测定氰化物

蓝色产物为反应的最终产物，颜色较稳定，在620nm处有最大吸收，氰化物浓度与吸光度符合朗伯-比尔定律，可用常规光度法测量氰化物。方法的检测范围为 $0.016 \sim 0.025 mg \cdot L^{-1}$，适用于环境水和工业废水中氰化物的测定。

二、实验要求

(1) 完成河水的采集与预处理。

(2) 使用 TU-1901 双光束紫外可见分光光度计或 7230G 分光光度计，并利用下列试剂进行河水中的氰化物测定：

氰化物标准溶液（$50.0 mg \cdot L^{-1}$）、NaOH 溶液（$1g \cdot L^{-1}$）、氯胺 T 溶液（方法Ⅰ，方法Ⅱ）（$10g \cdot L^{-1}$）临时配用。

吡唑啉酮-异烟酸溶液：称取吡唑啉酮0.25g溶入 20mL N,N-二甲基甲酰胺溶液。称取异烟酸1.5g，溶入 24mL 2%的氢氧化钠溶液中，加水稀释至100mL。使用前，吡唑啉酮、异烟酸溶液按 1：6（体积比）混合成吡唑啉酮-异烟酸溶液（方法Ⅰ）；按 1：5（体积比）混合成吡唑啉酮-异烟酸溶液（方法Ⅱ）；磷酸盐缓冲溶液（pH＝7）。

(3) 采用方法Ⅰ或方法Ⅱ进行测定。

(4) 氰化物在水中的存在形式有哪几种？

(5) 预处理主要消除哪些干扰物的影响？

三、参考文献检索渠道

(1) https：//www. cnki. net/

(2) https：//www. sciencedirect. com/

(3) https：//pds. sslibrary. com

实验33 氧化锰纳米晶体的制备及 X 射线衍射分析

一、实验背景

纳米材料是指晶粒尺寸在 1~100nm 的固体材料。由于这种材料尺寸处于原子簇和宏观物体的交接区域，因而具有表面效应，有很好的光、电、磁、力、热学性能和化学特性。纳米材料的方法有固相法、气相法、液相法。固相法主要有机械研磨法。气相法有气相冷凝法、化学气相沉积法。液相法主要有溶胶-凝胶法、沉淀法、喷雾法和水热法等，其中溶胶-凝胶法因其较低的反应温度、所制备材料的高度均匀性、高纯度及形成过程具有多样性等优点吸引了很多科学家的目光。溶胶-凝胶法是两个概念：溶胶是指分散到液相中足够小的（1~100nm）的固态粒子，分散相的重力可忽略不计，其微粒间的作用力主要是短程作用力（如范德华力、表面电荷作用力等），分散相之间的惯性主要是布朗运动；凝胶是指由两种或两种以上的物质形成的固形体，其中固体物质形成一种连续的三维网状结构。

如下图，X 射线入射晶体时，晶体中规则排列的原子使 X 射线被散射、相互干涉并在某些特殊方向上产生强 X 射线衍射。这些衍射花纹特征可以用各个衍射晶面间距和衍射线的强度来表征。X 射线衍射物相分析就是根据晶面间距（结晶内原子或离子的规则排列状态）不同，对 X 射线衍射强度不同来鉴定晶体物的方法。由晶体化学可知，晶体具有周期性结构。物质的晶体结构可以看成由一些相同的晶面按一定的距离 d 平行排列而成。故一个晶体存在一组特定的 d 值（d_1、d_2、d_3…），结构不同的晶体，其 d 值都不相同。因而用 d 来表示晶体的特征。

如图 4-1 所示，假设晶体在某一方向晶面（hk1）之间间距为 d，X 射线以夹角 θ 射入晶体。经过相邻两个晶面后，入射角与衍射角产生的光程差为 $2d\sin\theta$。只有当光程差等于入射光波长的整数倍时才能产生被加强的衍射线，符合布拉格（Bragg）方程：

$$2d\sin\theta = n\lambda$$

利用 X 射线衍射仪可以直接记录晶体各晶面 X 射线衍射方向（角度）和强度的变化情况，即 X 射线衍射图。用布拉格公式可求对应的晶面间距 d：

$$2d\sin\theta = n\lambda$$

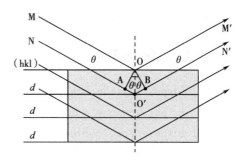

图 4-1　X 射线晶体衍射示意图

式中，n 为整数，一般只求 $n=1$ 时的 d 值；λ 为波长。

由所计算的 d 值和对应的相对强度数据查阅有关的图书，估计样品可能的化学式，再由索引给出的信息查阅对应的卡片。最后得到该样品的其它结晶学数据。

国际上有专门的研究机构——粉末衍射标准联合委员会（JCPDS）收集了几万种晶体的衍射标准数据，并编制了一套 X 射线粉末衍射数据的卡片（JCPDS 卡片）。实际工作中只要测得被测物质的粉末衍射数据，再去查对 JCPDS 卡片，即可得知该被测物质的化学式以及有关的各种结晶学数据。

二、实验要求

（1）以氯化锰、过氧化氢、氢氧化钠、十二烷基磺酸钠作为原料和表面活性剂，采用液相均相法，通过控制氢氧化钠滴速、表面活性剂的浓度、热处理温度，找到制备纳米三氧化二锰（γ-Mn$_2$O$_3$）的条件。

$$2MnCl_2 + H_2O_2 + 4NaOH =\!=\!= Mn_2O_3 + 4NaCl + 3H_2O$$

（2）对纳米晶体三氧化二锰（γ-Mn$_2$O$_3$）进行物相分析和粒度测定。

使用 X 射线衍射方法，将样品研细至 $200\sim300$ 目（手指压研，无颗粒感即可）。压片，调整 X 射线衍射仪的测试条件（扫描范围、狭缝宽度、扫描速度、计数仪的时间常数、衰减倍数等），因为每种型号的 X 射线衍射仪在测角仪的扫描速度 ω［（°）/min］、时间常数 t（s）和接收狭缝 F 的宽度 D（mm）这三者之间有一个最佳的比例关系。然后将压好的样品放入 X 射线衍射仪样品槽位置上。调仪器至工作状态后，测定样品的 X 射线衍射图。根据所计算的 d 值和对应的衍射峰相对强度数据分析被测物质的化学式及结晶学数据。

纳米粒子平均粒径由 Scherrer 公式求出：

$$L = K\lambda / (\beta\cos\theta)$$

式中，$K=0.9$ 为常数；λ 为 X 射线波长；β 为 X 衍射峰的半高宽；θ 为 X 射线衍射峰的衍射角；L 为晶粒尺寸。

三、参考文献检索渠道

(1) https：//www.cnki.net/

(2) https：//www.sciencedirect.com/

(3) https：//pds.sslibrary.com

参考文献

［1］赵新华. 无机化学实验［M］. 4 版. 北京：高等教育出版社，2014.

［2］大连理工大学无机化学教研室. 无机化学实验［M］. 2 版. 北京：高等教育出版社，2004.

［3］武汉大学. 分析化学实验［M］. 5 版. 北京：高等教育出版社，2011.

［4］南京大学无机及分析化学实验编写组. 无机及分析化学实验［M］. 5 版. 北京：高等教育出版社，2015.

［5］崔学桂，张晓丽，胡清萍. 基础化学实验（Ⅰ）——无机及分析化学实验［M］. 北京：化学工业出版社，2007.

［6］朱玲，徐春祥. 无机化学实验［M］. 北京：高等教育出版社，2015.

［7］贾之谊. 无机及分析化学［M］. 北京：高等教育出版社，2008.

［8］北京师范大学《化学实验规范》编写组. 化学实验规范［M］. 北京：高等教育出版社，1985.

附　录

附录一　中华人民共和国法定计量单位

（一）国际单位制的基本单位

量的名称	单位名称	单位符号	量的名称	单位名称	单位符号
长度	米	m	热力学温度	开［尔文］	K
质量	千克（公斤）	kg	物质的量	摩［尔］	mol
时间	秒	s	发光强度	坎［德拉］	cd
电流	安［培］	A			

（二）可与国际单位制并用的我国法定计量单位

量的名称	单位名称	单位符号	换算关系
质量	吨 原子质量单位	t u	$1t = 10^3 \, kg$ $1u = 1.660540 \times 10^{-27} \, kg$
时间	分 ［小］时 日，（天）	min h d	$1min = 60s$ $1h = 60min = 3600s$ $1d = 24h = 86400s$
［平面］角	［角］秒 ［角］分 度	(″) (′) (°)	$1'' = (\pi/64800) \, rad$（π 为圆周率） $1' = 60'' = (\pi/10800) \, rad$ $1° = 60' = (\pi/180) \, rad$
旋转速度	转每分	r/min	$1r/min = (1/60) \, r \cdot s^{-1}$
长度	海里	n mile	$1n \, mile = 1852m$（只用于航行）
速度	节	kn	$1kn = 1n \, mile \cdot h^{-1} = (1852/3600) \, m \cdot s^{-1}$ （只用于航行）
体积	升	L，(l)	$1L = 1dm^3 = 10^{-3}m^3$
能	电子伏	eV	$1eV \approx 1.602177 \times 10^{-19} J$
级差	分贝	dB	
线密度	特［克斯］	tex	$1tex = 1g \cdot km^{-1} = 10^{-6} kg \cdot m^{-1}$

（三）国际制单位的辅助单位

量的名称	单位名称	单位符号
［平面］角	弧度	rad
立体角	球面度	sr

（四）国际制单位中具有专门名称的导出单位

量的名称	单位名称	单位符号	其它表示式例	量的名称	单位名称	单位符号	其它表示式例
频率	赫［兹］	Hz	s^{-1}	电导	西［门子］	S	Ω^{-1}
力	牛［吨］	N	$kg \cdot m \cdot s^{-2}$	磁通［量］	韦［伯］	Wb	$V \cdot s$
压力，压强，应力	帕［斯卡］	Pa	$N \cdot m^{-2}$	电感	亨［利］	H	$Wb \cdot A^{-1}$
能［量］，功，热量	焦［耳］	J	$N \cdot m$	磁通［量］密度，磁感应强度	特［斯拉］	T	$Wb \cdot m^{-2}$
功率；辐［射能］通量	瓦［特］	W	$J \cdot s^{-1}$	摄氏温度	摄氏度	℃	K
				光通量	流［明］	lm	$cd \cdot sr$
电荷［量］	库［仑］	C	$A \cdot s$	［光］照度	勒［克斯］	lx	$lm \cdot m^{-2}$
电位，电压，电动势，（电势）	伏［特］	V	$W \cdot A^{-1}$	［放射性］活度	贝克［勒尔］	Bq	s^{-1}
电容	法［拉］	F	$C \cdot V^{-1}$	吸收剂量	戈［瑞］	Gy	$J \cdot kg^{-1}$
电阻	欧［姆］	Ω	$V \cdot A^{-1}$	剂量当量	希［沃特］	Sv	$J \cdot kg^{-1}$

（五）部分用于构成十进制倍数和分数单位的词头

所表示的因数	词头名称	词头符号	所表示的因数	词头名称	词头符号
10^{18}	艾［可萨］	E	10^{3}	千	k
10^{15}	拍［它］	P	10^{2}	百	h
10^{12}	太［拉］	T	10^{1}	十	da
10^{9}	吉［咖］	G	10^{-1}	分	d
10^{6}	兆	M	10^{-2}	厘	c

续表

所表示的因数	词头名称	词头符号	所表示的因数	词头名称	词头符号
10^{-3}	毫	m	10^{-12}	皮 [可]	p
10^{-6}	微	μ	10^{-15}	飞 [母托]	f
10^{-9}	纳 [诺]	n	10^{-18}	阿 [托]	a

注 1. [] 内的字是在不致混淆的情况下，可以省略的字。

2. 10^4 称为万，10^8 称为亿，10^{12} 称为万亿。

附录二 常用酸、碱的浓度

试剂名称	密度/$(g \cdot cm^{-3})$	质量分数/%	物质的量浓度/$(mol \cdot L^{-1})$	试剂名称	密度/$(g \cdot cm^{-3})$	质量分数/%	物质的量浓度/$(mol \cdot L^{-1})$
浓硫酸	1.84	98	18	浓氢氟酸	1.13	40	23
稀硫酸	1.1	9	2	氢溴酸	1.380	40	7
浓盐酸	1.19	38	12	氢碘酸	1.70	57	7.5
稀盐酸	1.0	7	2	冰醋酸	1.05	99	17.5
浓硝酸	1.4	68	16	稀醋酸	1.0	12	2
稀硝酸	1.2	32	6	浓氢氧化钠	1.44	约41	约14.4
稀硝酸	1.1	12	2	稀氢氧化钠	1.1	8	2
浓磷酸	1.7	85	14.7	浓氨水	0.91	约28	14.8
稀磷酸	1.05	9	1	稀氨水	1.0	3.5	2
浓高氯酸	1.67	70	11.6	氢氧化钙水溶液		0.15	
稀高氯酸	1.12	19	2	氢氧化钡水溶液		2	约0.1

资料来源：北京师范大学化学系无机化学教研室．简明化学手册，北京：北京出版社，1980.

附录三　常用指示剂

（一）酸碱指示剂（18～25℃）

指示剂名称	pH 变色范围	颜色变化	溶液配制方法
甲基橙	3.1～4.4	红～黄	配制成 1g·L⁻¹的水溶液
溴甲酚绿	3.8～5.4	黄～蓝	0.1g 指示剂溶于 100mL 20%乙醇
甲基红	4.4～6.2	红～黄	0.1g 指示剂溶于 100mL 60%乙醇
酚酞	8.2～10.0	无色～紫色	0.1g 指示剂溶于 100mL 60%乙醇
甲基紫 （第一变色范围） （第二变色范围） （第三变色范围）	 0.13～0.5 1.0～1.5 2.0～3.0	 黄～绿 绿～蓝 蓝～紫	配制成 1g·L⁻¹的水溶液
中性红	6.8～8.0	红～亮黄	0.1g 指示剂溶于 100mL 60%乙醇
百里酚蓝	9.3～10.5	无色～蓝	0.1g 指示剂溶于 100mL 90%乙醇

（二）酸碱混合指示剂

指示剂溶液组成	变色点 pH	颜色		备注
		酸色	碱色	
三份 1g·L⁻¹溴甲酚绿乙醇溶液 一份 2g·L⁻¹甲基红乙醇溶液	5.1	酒红	绿	
一份 2g·L⁻¹甲基红乙醇溶液 一份 1g·L⁻¹亚甲基蓝乙醇溶液	5.4	红紫	绿	pH 5.2 红紫 pH 5.4 暗红 pH 5.6 绿

续表

指示剂溶液组成	变色点 pH	颜色		备注
		酸色	碱色	
一份 $1g \cdot L^{-1}$ 中性红乙醇溶液 一份 $1g \cdot L^{-1}$ 亚甲基蓝乙醇溶液	7.0	蓝紫	绿	pH 7.0 蓝紫
一份 $1g \cdot L^{-1}$ 甲酚红钠盐水溶液 三份 $1g \cdot L^{-1}$ 百里酚蓝钠盐水溶液	8.3	黄	紫	pH 8.2 玫瑰色 pH 8.4 紫色

（三）金属离子指示剂

指示剂名称	解离平衡及颜色变化	溶液配制方法
铬黑 T (EBT)[①]	$H_2In^- \underset{紫红}{\overset{pK_{a_2}=6.3}{\rightleftharpoons}} \underset{蓝}{HIn^{2-}} \underset{橙}{\overset{pK_{a_3}=11.55}{\rightleftharpoons}} In^{3-}$	$5g \cdot L^{-1}$ 溶液：0.5g 铬黑 T 加 10mL 三乙醇胺和 90mL 乙醇，充分搅拌溶解。配制的溶液不宜久放
吡啶偶氮萘酚 （PAN）	$H_2In^+ \underset{黄绿}{\overset{pK_{a_1}=1.9}{\rightleftharpoons}} \underset{黄}{HIn^{2-}} \underset{淡红}{\overset{pK_{a_2}=12.2}{\rightleftharpoons}} In^-$	配制成 $1g \cdot L^{-1}$ 的乙醇溶液
磺基水杨酸	$H_2In^- \overset{pK_{a_1}=2.7}{\rightleftharpoons} \underset{无色}{HIn} \overset{pK_{a_2}=13.1}{\rightleftharpoons} In^{2-}$	配制成 $10g \cdot L^{-1}$ 的水溶液
钙镁试剂	$H_2In^- \underset{红}{\overset{pK_{a_2}=8.1}{\rightleftharpoons}} \underset{蓝}{HIn^{2-}} \underset{红橙}{\overset{pK_{a_3}=12.4}{\rightleftharpoons}} In^{3-}$	配制成 $5g \cdot L^{-1}$ 的水溶液

[①]EBT 在水溶液中稳定性较差，可以与 NaCl 以 1∶100 或 1∶200 配成的固体指示剂。

（四）氧化还原指示剂

指示剂名称	E/V $c(H^+)=1mol \cdot L^{-1}$	颜色变化		溶液配制方法
		氧化态	还原态	
二苯胺	0.76	紫色	无色	$10g \cdot L^{-1}$ 的浓硫酸溶液
二苯胺磺酸钠	0.85	紫色	无色	$5g \cdot L^{-1}$ 的水溶液
邻二氮菲-Fe(Ⅱ)	1.06	浅蓝	红色	1.485g 邻二氮菲加 0.965g $FeSO_4$ 溶解，稀释至 100mL（$0.025mol \cdot L^{-1}$ 水溶液）

续表

指示剂名称	E/V $c(H^+) = 1mol \cdot L^{-1}$	颜色变化		溶液配制方法
		氧化态	还原态	
N-邻苯氨基苯甲酸	1.08	紫红	无色	0.1g 指示剂加 20mL 50g·L⁻¹ 的 Na₂CO₃ 溶液，用蒸馏水稀释至 100mL
5-硝基邻二氮菲-Fe（Ⅱ）	1.25	浅蓝	紫红	1.608g 5-硝基邻二氮菲与 0.695g FeSO₄ 混合后溶解，稀释至 100mL（0.025mol·L⁻¹水溶液）

附录四　国产滤纸的类型

	分类与标志	型号	灰分/(mg/张)	孔径/μm	过滤物晶型	适于过滤的沉淀	相对应的砂芯坩埚号及过滤沉淀种类
定量	快速黑色或白色纸带	201	< 0.10	80～120	胶状沉淀物	$Fe(OH)_3$、$Al(OH)_3$、H_2SiO_3	G1、G2、可抽滤稀胶体
	中速蓝色纸带	202	< 0.10	30～50	一般结晶形沉淀	SiO_2、$MgNH_4PO_4$、$ZnCO_3$	G3、可抽滤粗晶形沉淀
	慢速红色或橙色纸带	203	0.10	1～3	较细结晶形沉淀	$BaSO_4$、CaC_2O_4、$PbSO_4$	G4、G5、可抽滤细晶形沉淀
定性	快速黑色或白色纸带	101		>80	无机物沉淀的过滤分离及有机物重结晶的过滤		
	中速蓝色纸带	102		>50			
	慢速红色或橙色纸带	103		>3			

附录五　某些离子^①和化合物的颜色

离子或化合物	颜色	离子或化合物	颜色
Ag^+	无色	$Bi(OH)CO_3$	白
$AgBr$	淡黄	$BiONO_3$	白
$AgCl$	白	Bi_2S_3	黑
$AgCN$	白	Ca^{2+}	无色
Ag_2CO_3	白	$CaCO_3$	白
$Ag_2C_2O_4$	白	CaC_2O_4	白
Ag_2CrO_4	砖红	CaF_2	白
$Ag_3[Fe(CN)_6]$	橙	CaO	白
$Ag_4[Fe(CN)_6]$	白	$Ca(OH)_2$	白
AgI	黄	$CaHPO_4$	白
$AgNO_3$	白	$Ca_3(PO_4)_2$	白
Ag_2O	褐	$CaSO_3$	白
Ag_3PO_4	黄	$CaSO_4$	白
$Ag_4P_2O_7$	白	$CaSiO_3$	白
Ag_2S	黑	Cd^{2+}	无色
$AgSCN$	白	$CdCO_3$	白
Ag_2SO_3	白	CdC_2O_4	白
Ag_2SO_4	白	$Cd_3(PO_4)_2$	白
$Ag_2S_2O_3$	白	CdS	黄
As_2S_3	黄	Co^{2+}	粉红
As_2S_5	黄	$CoCl_2$	蓝
Ba^{2+}	无色	$CoCl_2 \cdot 2H_2O$	紫红
$BaCO_3$	白	$CoCl_2 \cdot 6H_2O$	粉红

离子或化合物	颜色	离子或化合物	颜色
BaC_2O_4	白	$Co(CN)_6^{3-}$	黄
$BaCrO_4$	黄	$Co(NH_3)_6^{2+}$	黄
$BaFeO_4$	红	$Co(NH_3)_6^{3+}$	橙黄
$BaHPO_4$	白	CoO	灰绿
$Ba_3(PO_4)_2$	白	Co_2O_3	黑
$BaSO_3$	白	$Co(OH)_2$	粉红
$BaSO_4$	白	$Co(OH)_3$	棕褐色
BaS_2O_3	白	$Co(OH)Cl$	蓝
Bi^{3+}	无色	$Co_2(OH)_2CO_3$	红
$BiOCl$	白	$Co_3(PO_4)_2$	紫
Bi_2O_3	黄	CoS	黑
$Bi(OH)_3$	白	$Co(SCN)_4^{2-}$	蓝
$BiO(OH)$	灰黄	$CoSiO_3$	紫
$CoSO_4 \cdot 7H_2O$	红	$Fe(HPO_4)_2^-$	无色
Cr^{2+}	蓝	FeO	无色
Cr^{3+}	蓝紫	Fe_2O_3	砖红
$CrCl_3 \cdot 6H_2O$	绿	Fe_3O_4	黑
Cr_2O_3	绿	$Fe(OH)_2$	白
CrO_3	橙红	$Fe(OH)_3$	红棕
CrO_2^-	绿	$FePO_4$	浅黄
CrO_4^{2-}	黄	FeS	黑
$Cr_2O_7^{2-}$	橙	Fe_2S_3	黑
$Cr(OH)_3$	灰绿	$Fe(SCN)^{2+}$	血红
$Cr_2(SO_4)_3$	桃红	$Fe_2(SiO_3)_3$	棕红
$Cr_2(SO_4)_3 \cdot 6H_2O$	绿	Hg^{2+}	无色
$Cr_2(SO_4)_3 \cdot 18H_2O$	蓝紫	Hg_2^{2+}	无色
Cu^{2+}	蓝	$HgCl_4^{2-}$	无色

离子或化合物	颜色	离子或化合物	颜色
$CuBr$	白	Hg_2Cl_2	白
$CuCl$	白	HgI_2	红
$CuCl_2^-$	无色	HgI_4^{2-}	无色
$CuCl_4^-$	黄	Hg_2I_2	黄
$CuCN$	白	$HgNH_2Cl$	白
$Cu_2[Fe(CN)_6]$	红棕	HgO	红或黄
CuI	白	HgS	黑或红
$Cu(IO_3)_2$	淡蓝	Hg_2S	黑
$Cu(NH_3)_4^{2-}$	深蓝	Hg_2SO_4	白
$Cu(NH_3)_2^+$	无色	I_2	紫
CuO	黑	I_3^-	棕黄
Cu_2O	暗红	$K[Fe(CN)_6Fe]$	蓝
$Cu(OH)_2$	浅蓝	$K_2Na[Co(NO_2)_6]$	黄
$Cu(OH)_4^{2-}$	蓝	$K_3[Co(NO_2)_6]$	黄
$Cu(OH)_2CO_3$	淡蓝	$K_2[PtCl_6]$	黄
$Cu_3(PO_4)_2$	淡蓝	$MgCO_3$	白
CuS	黑	MgC_2O_4	白
Cu_2S	深棕	MgF_2	白
$CuSCN$	白	$MgNH_4PO_4$	白
$CuSO_4 \cdot 5H_2O$	蓝	$Mg(OH)_2$	白
Fe^{2+}	汪绿	$Mg_2(OH)_2CO_3$	白
Fe^{3+}	淡紫[②]	Mn^{2+}	肉色
$FeCl_3 \cdot 6H_2O$	黄棕	$Mn(CN)_6^{4-}$	深紫
$Fe(CN)_6^{4-}$	黄	$MnCO_3$	白
$Fe(CN)_6^{3-}$	红棕	MnC_2O_4	白
$FeCO_3$	红棕	MnO_4^{2-}	绿
$FeC_2O_4 \cdot 2H_2O$	淡黄	MnO_4^-	紫红

续表

离子或化合物	颜色	离子或化合物	颜色
FeF_6^{3-}	无色	MnO_2	棕
$KHC_4H_4O_6$	白	$SbOCl$	白
$Mn(OH)_2$	白	$Sb(OH)_3$	白
MnS	肉色	Sb_2S_3	黑
$NaBiO_3$	黄	Sb_2S_5	橙黄
$Na\,[Sb(OH)_6]$	白	SbS_3^{3-}	无色
$NaZn(UO_2)_3\,(Ac)_9 \cdot 9H_2O$	黄	SbS_4^{3-}	无色
$(NH_4)_2Fe(SO_4)_2 \cdot 6H_2O$	蓝绿	SnO	黑或绿
$(NH_4)_2Fe(SO_4)_2 \cdot 12H_2O$	浅紫	SnO_2	白
$(NH_4)_2PO_4 \cdot 12MoO_3 \cdot 9H_2O$	黄	$Sn(OH)_2$	白
Ni^{2+}	亮绿	$Sn(OH)_4$	白
$Ni(CN)_4^{2-}$	黄	$Sn(OH)\,Cl$	白
$NiCO_3$	绿	SnS	棕
$Ni(NH_3)_6^{2+}$	蓝紫	SnS_2	黄
NiO	暗绿	SnS_3^{2-}	无色
Ni_2O_3	黑	$SrCO_3$	白
$Ni(OH)_2$	淡绿	SrC_2O_4	白
$Ni(OH)_3$	黑	SrC_rO_4	黄
$Ni(OH)_2CO_3$	浅绿	$SrSO_4$	白
$Ni_3(PO_4)_2$	绿	Ti^{3+}	紫
NiS	黑	TiO^{2+}	无色
Pb^{2+}	无色	$Ti(H_2O_2)^{2+}$	橘黄
$PbBr_2$	白	V^{2+}	蓝紫
$PbCl_2$	白	V^{3+}	绿
$PbCl_4^{2-}$	无色	VO^{2+}	蓝
$PbCO_3$	白	VO_2^+	黄
PbC_2O_4	白	VO_3^-	无色

续表

离子或化合物	颜色	离子或化合物	颜色
$PbCrO_4$	黄	V_2O_5	红棕
PbI_2	黄	ZnC_2O_4	白
PbO	黄	$Zn(NH_3)_4^{2-}$	无色
PbO_2	棕褐	ZnO	白
Pb_3O_4	红	$Zn(OH)_4^{2-}$	无色
$Pb(OH)_2$	白	$Zn(OH)_2$	白
$Pb(OH)_2CO_3$	白	$Zn(OH)_2CO_3$	白
PbS	黑	ZnS	白
$PbSO_4$	白		
$SbCl_6^{3-}$	无色		
$SbCl_6^-$	无色		
Sb_2O_3	白		
Sb_2O_5	淡黄		

①离子指水合离子

②Fe^{3+}水解产物呈浅黄色

附录六　颜色

桃红色	橘黄色	群青色	紫色	深棕色

金红色	深黄色	浅蓝色	粉绿色	棕色

大红色	中黄色	天蓝色	草绿色	灰色

深红色	浅黄色	品蓝色	深绿色	白色

玫瑰红色	粉红色	深蓝色	墨绿色	黑色

附录七　元素周期表

周期	I A	II A	III B	IV B	V B	VI B	VII B	VIII			I B	II B	III A	IV A	V A	VI A	VII A	0
1	1 H 氢 qīng 1.00794(7)																	2 He 氦 hài 4.002602(2)
2	3 Li 锂 lǐ 6.941(2)	4 Be 铍 pí 9.012182(3)											5 B 硼 péng 10.811(7)	6 C 碳 tàn 12.0107(8)	7 N 氮 dàn 14.0067	8 O 氧 yǎng 15.9994(3)	9 F 氟 fú 18.9984032(5)	10 Ne 氖 nǎi 20.1797(6)
3	11 Na 钠 nà 22.98977(2)	12 Mg 镁 měi 24.3050(6)											13 Al 铝 lǚ 26.981538(2)	14 Si 硅 guī 28.0855(3)	15 P 磷 lín 30.973761(2)	16 S 硫 liú 32.065(5)	17 Cl 氯 lǜ 35.453(2)	18 Ar 氩 yà 39.948(1)
4	19 K 钾 jiǎ 39.0983(1)	20 Ca 钙 gài 40.078(4)	21 Sc 钪 kàng 44.955910(8)	22 Ti 钛 tài 47.867(1)	23 V 钒 fán 50.9415(1)	24 Cr 铬 gè 51.9961(6)	25 Mn 锰 měng 54.938049(9)	26 Fe 铁 tiě 55.845(2)	27 Co 钴 gǔ 58.933200(9)	28 Ni 镍 niè 58.6934(2)	29 Cu 铜 tóng 63.546(3)	30 Zn 锌 xīn 65.39(2)	31 Ga 镓 jiā 69.723(1)	32 Ge 锗 zhě 72.64(1)	33 As 砷 shēn 74.92160(2)	34 Se 硒 xī 78.96(3)	35 Br 溴 xiù 79.904(1)	36 Kr 氪 kè 83.80(1)
5	37 Rb 铷 rú 85.4678(3)	38 Sr 锶 sī 87.62(1)	39 Y 钇 yǐ 88.90585(2)	40 Zr 锆 gào 91.224(2)	41 Nb 铌 ní 92.90638(2)	42 Mo 钼 mù 95.94(1)	43 Tc 锝 dé (97.99)	44 Ru 钌 liǎo 101.07(2)	45 Rh 铑 lǎo 102.90550(2)	46 Pd 钯 bǎ 106.42(1)	47 Ag 银 yín 107.8682(2)	48 Cd 镉 gé 112.411(8)	49 In 铟 yīn 114.818(3)	50 Sn 锡 xī 118.710(7)	51 Sb 锑 tī 121.760(1)	52 Te 碲 dì 127.60(3)	53 I 碘 diǎn 126.90447(3)	54 Xe 氙 xiān 131.293(6)
6	55 Cs 铯 sè 132.90545(2)	56 Ba 钡 bèi 137.327(7)	57—71 La—Lu 镧系	72 Hf 铪 hā 178.49(2)	73 Ta 钽 tǎn 180.9479(1)	74 W 钨 wū 183.84(1)	75 Re 铼 lái 186.207(1)	76 Os 锇 é 190.23(3)	77 Ir 铱 yī 192.217(3)	78 Pt 铂 bó 195.078(2)	79 Au 金 jīn 196.96655(2)	80 Hg 汞 gǒng 200.59(2)	81 Tl 铊 tā 204.3833(2)	82 Pb 铅 qiān 207.2(1)	83 Bi 铋 bì 208.98038(2)	84 Po 钋 pō (209,210)	85 At 砹 ài (210)	86 Rn 氡 dōng (222)
7	87 Fr 钫 fāng (223)	88 Ra 镭 léi (226)	89—103 Ac—Lr 锕系	104 Rf 𬬻* lú (265)	105 Db 𬭊* dù (268)	106 Sg 𬭳* xǐ (271)	107 Bh 𬭛* bō (270)	108 Hs 𬭶* hēi (277)	109 Mt 鿏* mài (276)	110 Ds 𫟼* dá (281)	111 Rg 𬬭* lún (282)	112 Cn 鿔* gē (285)	113 Uut 鿭* nǐ (284)	114 Fl 𫓧* fū (289)	115 Mc 镆* mò (288)	116 Lv 𫟷* lì (293)	117 Ts 鿬* tián (294)	118 Og 鿫* ào (294)

镧系

57 La 镧 lán 138.9055(2)	58 Ce 铈 shì 140.116(1)	59 Pr 镨 pǔ 140.90765(2)	60 Nd 钕 nǚ 144.24(3)	61 Pm 钷* pǒ (147)	62 Sm 钐 shān 150.36(3)	63 Eu 铕 yǒu 151.964(1)	64 Gd 钆 gá 157.25(3)	65 Tb 铽 tè 158.92534(2)	66 Dy 镝 dī 162.50(3)	67 Ho 钬 huǒ 164.93032(2)	68 Er 铒 ěr 167.259(3)	69 Tm 铥 diū 168.93421(2)	70 Yb 镱 yì 173.04(3)	71 Lu 镥 lǔ 174.967(1)

锕系

89 Ac 锕 ā (227)	90 Th 钍 tǔ 232.0381(1)	91 Pa 镤 pú 231.03588(2)	92 U 铀 yóu 238.02891(3)	93 Np 镎 ná (237)	94 Pu 钚 bù (244)	95 Am 镅 méi (243)	96 Cm 锔 jú (247)	97 Bk 锫 péi (247)	98 Cf 锎 kāi (251)	99 Es 锿 āi (252)	100 Fm 镄 fèi (257)	101 Md 钔 mén (258)	102 No 锘 nuò (259)	103 Lr 铹 láo (262)

原子序数 → 19
元素符号，带下划线的指放射性元素 → K 钾
相对原子质量（加括号的数据为该放射性元素半衰期最长同位素的质量数） → 39.0983(1)
元素名称，注*的是人造元素

注：

1. 原子量录自1999年国际原子量表，以 $^{12}C=12$ 为基准。原子量的末位数的准确度加注在其后括弧内。
2. 括弧内数据是天然放射性元素较重的同位素的质量数或人造元素半衰期最长的同位素的质量数。